# 패턴의 정석

## Rules of PATTERN

### INNOVATION 남성복

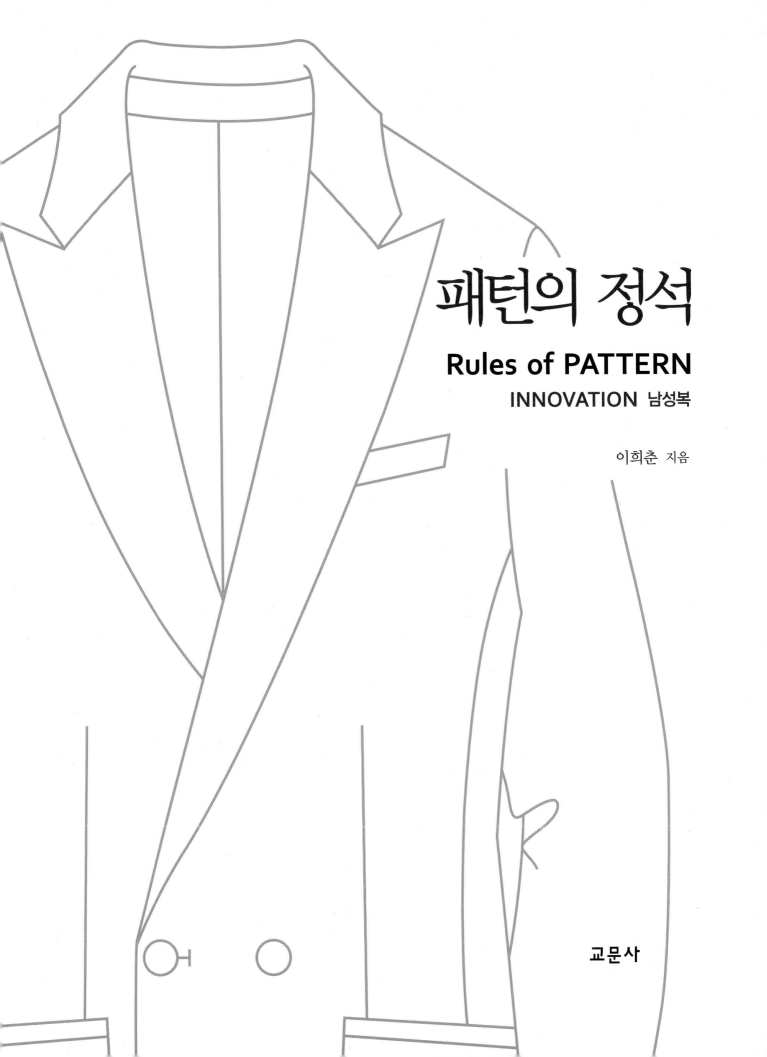

# 패턴의 정석

## Rules of PATTERN

### INNOVATION 남성복

이희춘 지음

교문사

어느덧 학생들을 가르친 지 15년이 되었고, 모델리스트로 일한 지는 20년이 훌쩍 넘었다. 처음 남성복 패턴을 접했을 때 시접이 있는 패턴으로 배웠기에, 배웠던 대로 학생들을 가르쳤다. 시접 패턴을 가르치다 보니 학생들이 패턴을 어렵게 생각하고 쉽게 포기하는 경향이 있었다. 그때부터 어떻게 하면 조금 더 쉽게 이해시킬 수 있을지 생각하고 또 고민했다. 그렇게 시접 패턴은 시접이 없는 완성 패턴으로 바뀌었고, 기본 원형이 없는 남성복 패턴을 오픈형 원형과 여밈형 원형으로 나누어 가르쳤다. 기본 원형을 어떻게 응용하고 활용하는지 가르치니 학생들이 쉽게 받아들였고, 수업의 집중도와 능률이 향상되었다.

가르칠 때는 이것과 저것의 차이를 분명히 알려 주어야 한다. 이 책은 그렇게 만들어졌다. 조금 더 쉽게, 이것과 저것의 차이는 바로 이러하다고 알려 주고, 기존의 패턴 제도법과 조금 다른 방법으로 실루엣에 접근한다. 다르다는 것은 잘못된 것이 아니라 또 다른 방법임을 보여 주고 싶다. 클래식 팬츠, 캐릭터 팬츠, 턱 팬츠, 스키니 팬츠, 상의 기본 원형과 클래식 셔츠, 슬림핏 셔츠, 베스트, 기본 2버튼 재킷부터 1버튼·3버튼·4버튼 재킷, 턱시도 재킷과 라이더 재킷, 사파리 재킷, 클래식 코트부터 더블 코트, 발마칸 코트, 피코트, 드롭 숄더 코트, 트렌치코트, 점퍼와 티셔츠, 드롭 숄더 티셔츠까지 다양한 패턴에 관해 자세히 서술하였다.

부디 이 책을 통해 많은 의상학도들이 패턴을 쉽게 이해하고 모델리스트의 꿈을 꾸었으면 한다. 한 사람의 모델리스트로서 열정으로 학생들과 호흡하며 많은 후배를 길러낸 것은, 항상 큰 관심과 깊은 사랑으로 격려해 주시는 이만중 회장님의 배려 덕분임을 잘 알고 있다. "차려진 밥상에 숟가락만 들고 덤빌 게 아니라 스스로 밥상을 차리는 사람이 되어야 한다."는 회장님의 말씀이 떠오른다. 이만중 회장님의 패션 인생에 누가 되지 않도록 더욱 바르고 정직하게 최선을 다하는 모습으로 보답하고 싶다. 또 개발실 가족들과 유선영, 최민정, 이상준, 최동호 연구원, 스타일화를 그려 준 이정아에게 깊이 감사드린다. 끝으로 항상 힘이 되어 주시는 하나님과 사랑하는 내 가족과 후배, 제자들에게 이 책을 바친다.

2015년 6월
저자 이희춘

# C O N T E N T S

CHAPTER
# 01
# 남성복 생산

# 01 남성복 생산

## 01 남성복 제작 과정

남성복의 생산 과정은 제품의 종류나 기업의 규모 또는 제품의 기획에 따라 그 제작 과정이 다르게 나타난다. 일반적으로 남성복의 제작 과정은 정보 분석, 제품 기획, 디자인 결정, 디자인 품평, 제품 생산으로 이루어진다.

### 1) 정보 분석

브랜드 포지션에 따른 거시적 · 미시적 환경 정보, 시장 정보, 소비자 정보, 패션 정보, 브랜드 판매실적 정보를 분석한다. 매해 트렌드 연구소에서 발표한 시즌별 테마 및 소재와 콘셉트 자료를 바탕으로 브랜드 경향에 맞추어 분석하는 것뿐만 아니라 전년도 상품의 문제점 등을 고려하여 브랜드 이미지 및 추구하는 바를 결정해야 한다.

### 2) 상품 기획

정보 분석을 통한 자료를 바탕으로 타깃 및 상품 기획 콘셉트 설정, 타임스케줄 작성, 예산 편성, 아이템 구성 기획, 소재 기획, 컬러 기획 및 디자인 콘셉트를 결정한다.

### 3) 디자인 결정

정보 분석과 제품기획의 두 과정을 바탕으로 품평회 준비단계의 디자인을 결정한다. 결정된 디자인은 다음 과정을 통해 제작된다.

이미지맵

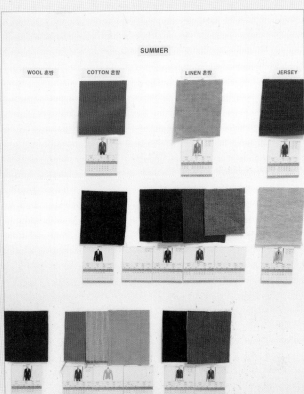

소재맵

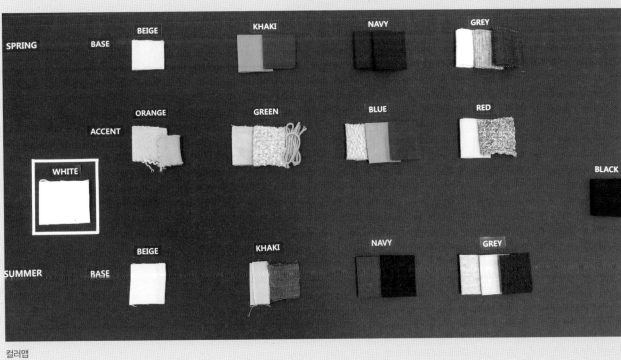

컬러맵

콘셉트 자료를 바탕으로 한 정보 분석

| 구분 | 제작 과정 |
|---|---|
| 1차 패턴 메이킹 | 디자인을 토대로 인체치수에 맞추어 제작 |
| 가봉 제작 | 1차 패턴으로 가봉을 제작(원단 가봉을 기본으로 한다.) |
| 2차 패턴 메이킹 | 가봉 검사 후 소재의 특성을 고려하여 1차 패턴 수정 |
| 샘플 제작 | 2차 패턴으로 샘플 제작 |

## 4) 디자인 품평

품평회를 통한 메인 상품의 생산을 결정한다.

품평회 현장

## 5) 제품 생산

품평회를 통하여 결정된 제품을 대량으로 생산하는 과정, 제품 생산을 위한 과정은 다음과 같다.

| 구분 | 제품 생산 과정 |
|---|---|
| 3차 패턴 메이킹 | 대량 생산 공정을 고려한 패턴의 수정 |
| Q.C 제작, 입고 | 생산업체의 Quality Confirm |
| 4차 패턴 메이킹 | 부속물, 봉제, 요척 등을 고려한 패턴 수정 |
| 그레이딩 | 패턴의 사이즈 전개(95, 100, 105, 110)<br>시접 및 부속 위치 표기<br>패턴의 효율적인 재단 배치(요척 = marking) |
| 대량 생산 | 협력업체를 통한 대량 생산<br>재킷, 셔츠, 바지 등 아이템별 특성을 고려한 업체 선정을 통해 작업이 이루어짐 |

## 02 남성복 제작 과정에 따른 부서별 역할

### 1) 기획: 기획MD

기획MD는 정확한 패션 트렌드와 수요 예측을 위해 기업의 거시적 환경, 시장 현황, 소비자 정보, 패션 관련 산업 정보, 패션 경향 정보, 경쟁사의 전략, 판매 실적 등을 수집하여 상품 기획의 방향, 원가 관리 및 정가, 물량 관리 및 조질, 각종 스케줄 및 입출고 관리 등 상품 기획자로서의 역할을 한다. 또한 패션 변화의 정확한 예측을 위해 패션 잡지, 영화, 전시회 음악 등의 패션 정보에 주목해야 하며 이와 함께 지각력, 통찰력, 해석력, 객관적 시각 등의 능력이 요구된다.

### 2) 디자인: 디자이너

브랜드에 대한 콘셉트와 타깃에 따른 시즌별 컬러 경향, 소재 경향, 원사 경향, 소비자 분석, 패션 전면지 등의 종합적인 패션 경향을 바탕으로 디자인을 한다. 소재에 따른 디자인을 결정하고 디자인의 설계를 일러스트가 아닌 도식화로 표현하며 가봉을 한 후 수정·보완하여 소비자가 원하는 상품을 개발한다. 특히, 디자인 설계 시 디자인 의도에 맞는 상품 개발을 위해 모델리스트와 충분한 커뮤니케이션이 필요하다.

디자인실

### 3) 패턴 메이킹: 모델리스트

2차원 디자인을 3차원 의복으로 만들어내기 위해 타깃 소비자의 평균 계측치를 기준으로 평면 또는 입체패턴을 제작한다. 4회 수정을 통해 메인 패턴이 완성되며, 스폿(spot) 생산의 증가로 인해 1~2회 수정으로 빠른 제품의 생산이 요구되기도 한다. 최종적인 산업용 패턴에는 시접이 있다. 일반적으로 한 브랜드에 여성복의 경우 3~4명의 모델리스트가 패턴을 제작하게 되며 남성복의 경우 2~3명의 모델리스트가 패턴을 제작한다.

패턴실

## 4) 그레이딩·마킹: 캐드사

기본 사이즈에서 사이즈를 축소하거나 확장하는 과정을 그레이딩이라고 하며, 과거의 수작업과 달리 최근에는 CAD 시스템의 도입으로 컴퓨터에 의한 작업이 이루어지고 있다. 또한 마킹을 통한 요척 산출도 CAD 시스템을 통하여 결정된다. 일반적으로 한 브랜드에 1명의 캐드사가 모든 그레이딩과 요척 산출을 하고 있다.

캐드실

## 5) 샘플 제작: 봉제사

경력 20~30년의 숙련된 기술을 바탕으로 견본을 제작하고 대량 생산 시스템에서의 봉제 방법 및 기술을 제안하며 패션에 대한 이해와 감성이 필수적이다.

샘플 제작 과정

## 6) 생산부: 생산MD

품평회를 통해 생산이 결정된 아이템을 기획 단계에서 결정된 타임 스케줄에 따라 생산 스케줄을 결정한다. 각 아이템의 특성에 따라 스케줄 관리와 품질 관리가 용이한 생산업체에 생산을 의뢰하고, 의복에 들어가는 원단과 원부자재, 봉제 상태 등을 관리하며, 옷의 최종 점검과 납기를 결정한다. 생산 방식은 다음과 같이 3가지를 기본으로 한다.

첫째, 임가공은 의류업체(브랜드)에서 원자재와 부자재를 구매하고 생산업체(협력업체)에서 봉제작업을 하는 생산 방식을 말한다.

둘째, CMT(Cut, Make, Trim)는 의류업체(브랜드)에서 원자재만을 구매하여 부담하고 부자재는 생산업체(협력업체)에서 책임 발주하여 구매한 후 공임을 투자하여 생산하고 납품하는 생산 방식을 말한다.

셋째, 완사입은 프로모션 책임하에 원자재, 부자재, 생산(임가공)을 거친 완제품을 의류업체(브랜드)에 납품하는 생산 방식을 말한다.

생산 현장

## 7) 영업부: 영업MD

영업MD는 전체 매출 계획, 월별 MD 구성 결정, 매장별·품목별·스타일별 수량 배분, 리오더 결정, 판매 분석 등 매장의 상품구성계획과 각종 판매 자료를 분석하는 일을 한다. 또한 타 매장과 다른 차별적이고 독특한 MD전략을 갖추기 위한 매장의 상품 제안을 계획한다.

## 8) VMD

비주얼 머천다이징(visual merchandising, VMD)은 모든 시각적·감각적 요소를 활용해 매장 자체에 스토리를 부여하여 매력 있는 공간으로 만드는 것으로, 콘셉트를 구체화시키고 이미지를 구축하는 것이 필요하다. 쇼윈도에서부터 내부 기둥장식, 매장 구성, 마네킹 코디, 외부 조형 설치 등의 기획에서부터 마무리 공사까지 담당한다.

다양한 디스플레이

## 03 패턴 메이킹의 종류

### 1) 입체재단

입체재단(draping)은 드레스폼(dress form, 인대)에 옷감을 사용하여 핀을 꽂아 불필요한 부분은 잘라내고, 다트를 이용한 절개라인을 만들어 디자인을 구체화하는 방법이다. 인체에 꼭 맞는 옷을 만들 수 있다는 장점이 있으나, 개인의 체형에 따라 보정해야 하며, 적당한 여유분을 주어 제작해야 하므로 초보자가 하기에는 어려움이 따른다. 초보자는 연습용으로 광목을 사용하는 것이 일반적이나, 실제 업체에서는 소재 특성과 두께분을 고려하여 실제 원단을 사용하고 있다. 이처럼 실제 원단을 사용하는 것이 최대한 보정을 줄일 수 있는 방법이다.

## 2) 평면제도

평면제도(drafting)는 디자인을 이미지 속에서 의복으로 입체화시켜서 인체 계측치수를 이용하여 평면전개도를 그리는 것이다. 입체재단의 경우 원단을 보디에 대고 실루엣을 만드는 것에 비하면 매우 고차원적인 방법이다. 그러나 옷의 기본 형태인 '원형'을 응용하여 디자인을 전개시키는 방법이 현실적으로 많은 일을 처리해야 하는 모델리스트에게는 더욱 간편한 방법으로 사용되고 있다. 또한 인체와 원형에 대한 이해가 우선적으로 이루어져야 하며, 입체재단과 마찬가지로 소재의 특성과 실루엣을 고려하여 제도하는 것이 중요하다.

## 3) 병용식

평면제도로 패턴의 기본 형태를 만들고 입체재단으로 부분적인 실루엣을 병용하는 방법이다. 부분적으로 드레이프가 있는 디자인에 활용하는 것이 효율적이다. 평면제도와 입체재단의 기본 과정이 우선적으로 고려되어야 하고, 패턴 메이킹의 이론과 인체계측지에 대한 정보를 활용하여야 완성도 높은 작업을 할 수 있다.

평면패턴

입체패턴

캐드패턴

# 04 의복 제작을 위한 용구

## 1) 제도 용구

**샤프펜슬(sharp pen), 연필(pencil), 색연필(color pencil)**
패턴제도에는 샤프펜슬을, 입체재단에는 2B, 4B와 같이 심이 무른 연필을 사용한다. 색연필은 입체재단 마킹선을 수정할 때 사용한다.

**직각자(L square)**
직각선을 그리거나 바닥에서 스커트의 높이를 정할 때 사용한다.

**방안자(transparent ruler)**
일정한 간격으로 시접선이나 평행선을 그을 때 사용하며 곡선을 잴 때는 자를 구부려 사용하고 일반적으로 여성복에서는 인치자를, 남성복에서는 센치자를 사용한다.

**곡자(curve measure)**
힙커브자라고도 하며 허리선, 옆선, 소매산, 다트선, 칼라 등 완만한 곡선을 그릴 때 사용한다.

**암홀자(armhole)**
진동둘레선, 목둘레선, 칼라의 외곽둘레선 등을 제도할 때 사용한다.

**축도자(scale)**
축소제도에 사용하며 1/5, 1/4 축도자를 주로 이용한다.

**줄자(measuring tape)**
인체치수를 계측할 때 사용하며, 암홀둘레와 같은 곡선을 잴 때는 세워서 잰다.

**룰렛(roulette)**
제도한 것을 다른 종이에 옮길 때나 테일러드 칼라를 제도할 때 사용된다. 옷감에 사용할 때에는 룰렛의 톱니가 날카롭지 않을 것을 선택한다.

**제도지(pattern marking paper)**
백상지와 미색모조지, 황색스케치페이퍼 등이 있으며, 일반적으로 미색모조지를 사용한다. 너무 얇거나 두꺼운 제도지는 사용하지 않는 것이 좋다.

**커터칼(cutter)**
과거에는 가위를 사용하여 종이를 절개하는 것이 일반적이었으나 현재는 칼을 사용하는 것이 일반화되었다.

**마스킹테이프(masking tape)**
종이테이프라고도 부르며 제도용지 사용 시에 부족하거나 절개 또는 MP를 할 경우 사용한다.

## 2) 재단 용구

**문진·누름쇠(metal weights)**
마름질이나 재단을 할 때 옷본이나 옷감이 움직이지 않도록 고정시키는 데 사용한다.

**핀(pin)**
바늘이 가늘고 끝이 뾰족하며, 매끄러워서 옷감을 상하지 않게 하는 제품을 택한다.

**초크(chalk)**
옷감에 재단선을 표시할 때 사용한다.

**초크펜슬(chalk pencil)**
심이 초크로 되어 있는 연필로 물에 지워지는 수성펜슬도 있다. 단춧구멍에 단추 위치를 표시할 때 사용한다.

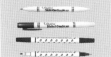
**수성펜슬(water erasable pen)**
재단을 할 때 패턴의 완성선이나 너치(notch), 시접선을 그릴 때 사용하며 물에 닿았을 때 자연적으로 없어지는 장점이 있다. 의류업체의 샘플실에서 주로 사용한다.

**초크페이퍼(chalk paper)**
먹지와 같은 것으로 여러 가지 색이 있으며, 옷감 색상에 맞추어 선택한다.

**재단가위(cut scissors)**
옷감을 자를 때 사용되며 24~28cm 정도가 적당하다. 끝 부분의 맞물림 상태가 좋은 것을 선택한다.

**핑킹가위(pinking shears)**
가장자리가 지그재그 모양으로 잘리는 가위를 말한다. 올이 잘 풀리지 않게 옷감의 시접이나 장식용으로 쓸 경우에 이용한다.

**원형재단칼(rotary cutter)**
로터리커터라고도 부르며 컷팅보드와 같이 사용한다. 위아래 옷감이 밀리지 않고 재단되는 것이 장점이다.

**송곳(awl)**
겉감의 완성선을 안감에 옮길 때, 칼라나 끝단의 모서리를 곱게 다듬거나 세밀한 부분을 송곳 끝으로 자리잡게 하는 데 쓰인다. 지나치게 뾰족한 것은 피하고 조금 둥근 것을 사용한다.

## 3) 재봉 및 다림 용구

**공업용 재봉틀(industrial sewing machine)**
속도가 빠르고 박는 힘이 강하여 영업용으로 적합하다. 일반적으로 공업용 재봉틀은 바늘 1개짜리로 설계되어 있고 직선만 박을 수 있으나 여러 가지 노루발을 이용하거나 압력의 조절 등 세밀한 조정이 가능하기 때문에 소재나 공정의 변화에 폭넓게 대응할 수 있다.

**오버로크 재봉틀(overlock machine)**
원단의 가장자리 올이 풀리는 것을 방지하는 대표적인 특수 재봉틀이다.

**단춧구멍 재봉틀(lockstitch buttonhole sewing machine)**
아일렛 단춧구멍은 업체에서는 큐큐(QQ)라고 부르며 바텍(간도메)으로 마무리하여 단춧구멍을 완성한다. 셔츠나 블라우스의 일자 단춧구멍은 나나인치라고 부른다.

**노루발(presser foot)**
외노루발, 가죽용 노루발, 혼솔지퍼 노루발, 끝말아박기 노루발 등이 있다.

**북과 북집(bobbin & bobbin case)**
봉제 시 밑실을 구성하는 것으로 북집에 실을 감아 북에 끼워 재봉틀에 꽂아 사용하며 가정용과 공업용으로 나누어진다.

**심가이드(seam guide)**
업체에서는 자석조기라고 부른다. 재봉틀 바늘 옆의 시접 폭에 맞추어 부착하여 시접을 일정한 폭으로 봉제하도록 도와준다.

**바늘(needle)**
재봉 바늘: 7, 8, 9, 10, 11, 12, 13, 14, 16, 18호로 구분한다(바늘의 호수가 클수록 바늘이 굵어진다).
손바늘: 1에서 10호까지로 나누어진다(바늘의 호수가 작을수록 바늘이 굵어진다).

**실(thread)**
과거에는 60s/3의 가당사(100% 폴리에스테르사)를 많이 사용했으나 현재는 보다 저렴한 40s/2의 재봉사를 많이 사용한다. 또한 필요에 따라서 코아사(core yarn), 견사(silk)를 사용하며 겉스티치사로는 지누이도사와 아나이도사를 주로 사용한다.

**바늘꽂이(pincushion)**
핀 쿠션, 핀봉이라고도 하며 바늘을 꽂아 보관한다.

**골무(thimble)**
가운데 손가락에 끼워서 바늘귀를 밀어 사용하고 손가락을 보호하는 기능을 한다. 밀도가 강한 소재일 경우 금속이나 가죽으로 만든 골무를 사용한다.

**리퍼(seam ripper)**
박은 솔기를 뜯을 때 사용한다.

(계속)

**쪽가위(stainless hand scissors)**
봉제 시 실을 자르는 데 사용한다. 혹은 봉제된 부분을 뜯어낼 때도 사용한다.

**다리미(iron)**
봉제하면서 옷의 형태를 만들어갈 때나 완성된 제품의 마무리 손질에도 사용한다. 중량은 1.7~2.5kg 정도이며 손잡이가 튼튼하고 바닥이 두꺼운 것이 좋다.

**다리미슈즈(iron shoes)**
스프링을 다리미에 걸어서 사용하는 것으로 옷감의 번들거림과 손상을 방지하는 역할을 한다.

**말판(sleeve ironing board)**
소매산이나 암홀둘레와 같이 곡선 형태 부분과 소매나 바지통과 같이 원통으로 된 부분을 다릴 때 사용한다.

**철말판**
어깨, 소매산, 암홀둘레와 같이 곡선 형태 부분과 말판을 넣어 작업하기에 좁은 부위를 다릴 때 사용한다.

**시접누름판**
시접 부분을 다림질한 후에 시접누름판으로 다린 시접을 눌러 주면 보다 쉽게 시접을 안착시킬 수 있다.

# 05 ○ 안감의 이해

안감은 의복의 주원료인 원단과 피부를 격리시키고, 미적 감각과 기능성을 향상시키기 위해 사용되는 직물로서 옷 안쪽의 솔기, 시접, 심지, 부속 등을 깨끗하게 감싸 주며 보온효과와 형태안정성을 유지하는 기능을 한다.

## 1) 안감의 목적과 기능

안감은 기능적인 역할도 중요하지만 겉감과의 조화, 아름다움 등의 심미적인 역할도 중요하다. 안감의 목적과 기능을 정리하면 다음과 같다.

① 입고 벗을 때 착용하기 편하게 한다.

② 겉감이 땀, 오염, 마모에 의해 손상되는 것을 방지한다.

③ 보온효과를 극대화시킨다.

④ 겉감의 형태 안정성을 유지시킨다.

⑤ 겉감 소재가 얇거나 투명할 때 속이 비쳐 보이는 것을 방지한다.


## 2) 안감의 필요조건

① 마찰에 의한 정전기 발생이 없어야 한다.

② 마찰성이 우수하여 착용감이 좋아야 한다.

③ 내구성, 내마멸성 및 염색견뢰도가 높아야 한다.

④ 물에 젖었을 때 수축이 적어야 한다.

⑤ 가볍고 매끄러우며 강도가 높아야 한다.

⑥ 염색이 잘되어 심미적인 측면에서 아름다워야 한다.


## 3) 안감의 종류

### (1) 안감의 용도별 특징

남성복 안감은 선염제품(실을 짜기 전 염색)이 많으나 여성복 안감은 후염제품(실을 짠 후 염색)을 사용한다. 선염제품은 후염제품에 비해 제조공정이 복잡하지만 염색견뢰도가 우수하다. 남성복의 경우 몸판과 소매, 그리고 무릎안감으로 분류하여 사용하고 있다.

### (2) 안감의 소재별 특징

| 소재 | 특징 |
|---|---|
| 견<br>(silk) | 가볍고 부드러우며 주름이 잘 가지 않는다. 발색성, 흡습성, 제전성이 뛰어나고 실크 특유의 광택과 태를 가지고 있다. |
| 레이온<br>(rayon) | 염색성, 흡습성이 우수하며 강한 광택이 강한 특징이 있다. |
| 아세테이트<br>(acetate) | 적당한 보온성과 흡습성이 있으며, 탄력이 있어 구김이 잘 생기지 않고 마찰이나 열에 약한 특징이 있다. |
| 나일론<br>(nylon) | 광택이 좋고 건조·습윤 시 모두 매우 강하며 탄력성이 있으나 마찰에는 약한 특징이 있다. |
| 폴리에스테르<br>(polyester) | 마찰에 약하고 습윤 시 강도 변화가 없으며 구김이 생기지 않고 W&W(wash and wear finish)성이 뛰어난다. 비교적 열에 강한 편이나 재오염이 되기 쉽다. |
| 큐프라<br>(cupra) | 재생섬유로 흡습성, 통기성이 좋고 제전성이 우수하여 정전기가 생기지 않아 촉감이 좋고 착용감이 우수하다. 또한 광택과 태가 견과 비슷하며 가봉성이 우수하다. |

## (3) 안감의 직물별 특징

| 직물별 | 특징 |
| --- | --- |
| 태피터<br>(taffeta) | 밀도가 높은 평직으로 표면이 매끄럽고 가벼우며 광택이 풍부하다. 현재 업체에서 가장 많이 사용되고 있다. |
| 트윌<br>(twill) | 능직물로 조밀한 조직과 사문 특유의 감촉으로 남성복 정장과 코트, 여성복 가을용·겨울용 등 전 복종에 사용되고 있다. |
| 조젯<br>(georgette) | 경사, 위사에 S와 Z꼬임의 강연사를 2올씩 교대로 사용한 밀도가 적은 평직물이다. 광택이 없으며 부드럽고 힘이 없어 드레이프성이 높다. 주로 얇은 소재의 안감으로 이용된다. |
| 새틴<br>(satin) | 주자직물로 아름다운 광택과 매끄러움이 있고 석낭한 볼륨감이 있어 재킷, 코트용 안감으로 사용된다. |
| 트리코<br>(tricot) | 폴리에스테르 필라멘트사가 주원료인 경편성물로 올이 풀리거나 전선이 가지 않으며 봉제 시 퍼커링이 생기지 않는 장점이 있다. |
| 드신<br>(de chine) | 크레이프 드신(crepe de chine)의 약자로 본래는 견으로 짰으나 최근에는 큐프라, 폴리에스 테르가 소재의 대부분을 차지하고 있다. 평직물로 산뜻한 감촉이 있어 안감으로 잘 어울리며 두께를 변화시켜 여러 가지 의복, 계절용에 이용되고 있다. |
| 론<br>(lawn) | 얇고 조직이 성글며 산뜻한 느낌의 좋은 감촉을 주는 평직물로 적당한 힘을 가지고 있다. 얇은 것은 블라우스, 원피스에 사용되고 두꺼운 것은 코트, 스커트에 사용된다. |
| 시어<br>(sheer) | 경사, 위사 모두 강연사를 이용한 것으로 경사에 연사, 위사에 무연사를 이용한 것이 있으며 평직물이다. 아삭거리며 차가운 느낌이 있어서 하복용으로 이용된다. |

이처럼 소재와 직물에 따라 여러 종류의 안감이 있지만 업계에서는 소재에 따른 태피터와 트윌을 주로 많이 사용하고 있다. 또한 특수 안감으로 신축성을 부여한 스트레치(stretch) 안감, 속옷의 비침을 방지한 비침 방지용 안감, 통기성을 고려한 시폰(chiffon) 안감, 안감과 패딩을 접착하여 봉제한 퀼팅(quilting) 안감, 경·위사의 색상을 달리하여 트윌 조직으로 직조한 투톤(two-tone) 안감 등이 이용되고 있다.

## 06 심지의 이해

심지란 겉감 원단의 안정화를 통하여 실루엣을 유지하고, 특정 부위의 보강이나 착용 또는 세탁에 의하여 형태가 변형되는 것을 방지하기 위해 사용한다. 소재의 특성과 재킷, 블라우스, 스커트 등의 아이템에 알맞은 것을 선택해야 하며, 트렌드 변화에 따른 소비자의 선호도를 고려하여 사용하고 있다.

## 1) 심지의 종류

업체에서 일반적으로 사용되는 심지는 접착심지와 비접착심지로 구분하며, 접착심지는 직물심지(woven)와 부직포심지(non woven)로 분류하여 사용된다. 비접착심지로는 모심지(wool canvas)가 사용되고 있다.

### (1) 모심지

모심지는 경사 방향은 부드럽고 활동성이 있으며 위사 방향으로는 강하고 탄력이 있어 옷의 형태를 유지하고 변형을 막아 준다. 신사복의 재킷, 코트 등의 앞 몸판, 칼라, 부속 등에 사용된다.

### (2) 마심지

마심지는 뻣뻣하고 유연성이 없으나 내마모성이 좋고 신축성이 적다. 또한 강도가 크고 형태안정성이 우수한 장점이 있다. 주로 양복의 앞 몸판과 칼라의 심지로 사용되며 두꺼운 소재에 쓰인다. 현재 마심지보다는 모심지를 주로 사용하고 있다.

### (3) 면심지

면심지는 수축이 심하나 염소장해가 없고 일광이나 땀에 의해 변색되지 않는다. 또한 대전성이 없어 쉽게 더러워지지 않는다.

### (4) 부직포심지

부직포심지는 드레이프성이 없고 강도가 약한 것이 단점이다. 볼륨감 · 굽힘저항이 크고 통기성과 보온성이 있으며, 가볍고 올 풀림이 없고 결 방향이 없는 것이 장점이다. 또한 세탁에 의한 변형이 없고 가격이 저렴하여 많이 사용되고 있다.

### (5) 접착심지

직물, 편물(knit), 부직포를 기포(생지)로 하여 열가소성 수지를 도포한 제품이다. 다리미 또는 프레스 처리만으로도 접착이 가능하다.

남성복에는 모심지와 접착심지를 사용하고 있다. 특히 접착심지는 여성복에서 모든 품목에 사용되고 있는 것이 일반적이다. 따라서 모델리스트가 기본적으로 알아야 할 모심지와 접착심지의 여러 가지 기능과 성능에 대하여 알아보도록 한다.

## 2) 모심지의 사용 목적과 기능

모심지의 사용 목적과 기능은 다음과 같다.

### (1) 모심지의 사용 목적

① 겉감의 형태 변형을 방지한다.
② 인체 구조의 형을 유지한다.
③ 어깨 부위의 편안함과 안정감을 유지한다.
④ 가슴 부위의 볼륨과 성형성을 유지한다.
⑤ 보온효과를 준다.
⑥ 세탁 후 변형을 방지한다.

### (2) 모심지의 기능

모심지는 남성 정장 재킷 앞판을 구성하는 뼈대로서 경사 방향은 부드럽고 활동성이 있으며, 위사 방향은 강하고 탄력이 있다. 또한 가슴과 어깨뼈의 볼륨을 살려 옷의 형태를 유지하고 변형을 막아 준다. 심지는 몸판심지와 어깨보강심지, 가슴보강심지, 펠트(felt, 융)가 결합되어 만들어진다. 과거에는 모심지 패턴을 일일이 제작하고 결합하여 만들었으나, 오늘날에는 이미 결합하여 만들어진 기성 제품을 사용하는 것이 일반화되었다.

① 몸판심지(body canvas): 앞 몸판 전체 균형을 유지한다. 가슴 부위 성형성(forming)을 유지하고 보형성(volume)을 유지한다.
② 어깨보강심지(shoulder piece): 위사의 힘이 강한 심지를 선정한다. 어깨 부위를 편안하게 해 주며 모양 변화를 방지한다.
③ 가슴보강심지(chest canvas): 경사와 위사의 힘이 비슷한 심지를 선정한다. 가슴 부위 성형성(forming)을 유지한다. 가슴 다트 볼륨을 보강하고 유지한다.
④ 펠트심지: 모심지 헤어로부터 피부를 보호한다. 보형성(volume)을 주며 보온성을 유지한다. 가슴보강심지보다 작게 제작하며, 모나 면 펠트가 사용된다.

## 3) 모심지의 대량 생산 제작 과정

제도된 몸판심지패턴, 어깨보강심지 패턴, 가슴보강심지 패턴, 펠트심지 패턴을 마카지에 그린 후 모양에 따라 재단한다.

심지 패턴을 마커지에 그린 후 재단

재단된 몸판심지 패턴에 따라 앞가슴다트와 암홀 쪽에 입체적인 효과를 주기 위해 어깨에서 가윗밥을 넣어 1.3~1.5cm 폭의 다트가 되도록 하여 다트를 지그재그 미싱으로 봉제한다. 이때 어깨다트의 표면이 도드라지지 않도록 접착심지를 붙여 안착시킨다.

암홀다트와 가슴다트의 봉제

가슴보강심지의 암홀다트와 가슴다트를 지그재그 미싱으로 봉제한 후 어깨보강심지(말총심지)와 가슴보강심지를 봉제한다. 이때 가슴보강심지의 어깨에 가윗밥을 넣어 1.3~1.5cm 폭의 다트가 되도록 하여 지그재그 미싱으로 어깨보강심지와 함께 합봉한다. 또한 어깨보강심지(말총심지)는 바이어스로 재단하여 어깨 부위의 편안함과 실루엣의 변화를 방지할 수 있도록 한다.

가슴보강심지와 어깨보강심지의 봉제

몸판심지와 어깨보강심지가 연결된 가슴보강심지를 펠트와 함께 뿅뿅이 미싱으로 상침하여 완성한다. 이때 가슴보강심지와 펠트는 라펠 꺾임선에서 2~2.5cm 떨어뜨려 봉제한다.

몸판심지, 가슴보강심지와 펠트의 봉제

## 4) 접착심지의 목적, 기능 및 선정

접착심지의 목적과 기능, 선정, 접착 방법 등을 살펴보면 다음과 같다.

### (1) 접착심지의 목적
① 겉감원단을 안정화한다.
② 제조공정을 단축시킨다.
③ 완성품의 균일화를 통해 생산성을 향상시킨다.

### (2) 접착심지의 기능
① 형태를 유지해 주는 보형성이 있다.
② 인체의 부위에 따른 형태를 만드는 성형성이 있다.

③ 형태를 부드럽게 보강해 주는 보강성이 있다.

④ 두터운 감을 주는 볼륨성(volume)을 지닌다.

⑤ 음영이 분명한 실루엣성(silhouette)을 지닌다.

⑥ 유연한 드레이프성(drape)을 지닌다.

⑦ 봉제를 용이하게 한다.


### (3) 접착심지의 선정

① 접착심지의 선정은 기획의도에 부합되어야 한다.

  • 의복의 종류: 착용 대상, 용도, 형태

  • 겉감의 특성: 소재 종류, 두께, 조직, 가공 조건 등

  • 심지 사용 부위: 앞판, 라펠, 칼라, 커프스, 허릿단 등

② 접착심지의 종류(심지의 원단, 조직, 두께, 접착제, 세탁 방법) 및 품질 특성을 충분히 이해
하여 직접 시험한 후 선정한다.

  • 겉감과 심지의 물성 측정을 통한 적합성 판단

  • FAST 물성 측정(형성능, 신장성, 굽힘강성, 전단강성, 굽힘강성비 등)

③ 접착심지를 접착 후 평가한다.

  • 열수축률

  • 역출 혹은 삼출 현상

  • 접착강도(peeling strength, bonding strength)

  • 외관 변화(모아레, 표면 광택, 색상 변화, 도트 자국, 칼라 매칭 등)

④ 접착심지를 접착 후 의복 관리상 성능을 평가한다.

  • 형태 유지성

  • 중간 혹은 마무리 프레스 성능(STEAM 축률)

  • 드라이클리닝(세탁) 성능(세탁축률)

  • 착용 성능(쾌적성, 드레이프성, 신축성 등)


## 5) 접착 방법 및 접착기

① 접착 조건의 3가지 인자

  • 온도, 압력, 시간의 삼위일체 중요성 인식 필요(냉각 필요)

  • 게이지상 조건과 실제 조건의 편차 인식

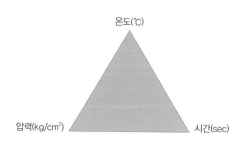

## 6) 접착심지 작업 시 주의사항

① 표준접착조건은 원단의 종류 및 작업 방법에 따라 다르므로 사용하기 전에 반드시 시험하여 접착강력, 촉감, 변색(색깔), 열수축, 외관 변화 등을 확인한 후에 사용한다.

② 표준접착조건의 온도는 원단과 심지 사이의 접착제(powder)가 받는 실제 온도이며, 온도는 110℃∼130℃, 압력은 2.5∼4.0(kg/cm²), 시간은 11∼13(sec)으로 작업한다.

③ 접착기(press machine)의 설정온도와 기계 내 벨트 온도가 일치하는지를 작업 전에 확인하여야 한다.

④ 코듀로이(corduroy), 벨벳(velvet), 스웨이드(suede) 등 모가 있는 원단은 압력을 낮춰 작업하는 것이 바람직하며, 반드시 세탁(물세탁 혹은 드라이클리닝) 시험을 하여 이상이 없을 때 작업한다. 잘 떨어지므로 작업 중 수시로 접착력을 확인한다.

⑤ 순모(all wool) 제품의 접착 작업을 연속으로 할 경우 접착기를 처음 통과한 제품보다 나중에 통과한 제품의 접착 온도가 떨어지므로 작업 중 수시로 접착력을 확인한다.

⑥ 얇은 원단은 접착제의 '스며 나옴(strike through) 현상'과 '모아레 현상' 발생에 주의한다.

⑦ 동절기에는 하절기에 비해 대기온도가 낮아 접착기의 열손실이 많으므로, 열손실을 최소화하고 재단물을 따뜻한 곳에 보관하여 접착력이 향상되도록 주의한다.


## 7) 패드와 마꾸라지의 제작

패드(pad)와 마꾸라지(sleeve heading)는 목적과 의도에 따라 크기와 두께를 달리 적용하고 있다. 과거에는 10∼12m/m를 주로 사용했으나 트렌드 변화에 따라 현재는 4∼6m/m 패드를 사용하는 것이 일반화되었다. 목적과 의도에 따라 금형을 제작하여 절단기에 넣어 30∼40m/m 두께로 여러 벌을 찍어낸다.

마꾸라지 금형

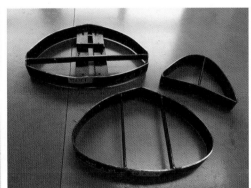

패드 금형

펠트를 아래에 놓고 원하는 두께의 압축된 솜을 넣어 두께를 조절한 후, 얇은 면 T/C를 위에 놓아 견고하게 잡아 준 후 다시 펠트를 덮어 뽕뽕이 미싱으로 봉제한다. 동그란 모양의 패드를 밴드 나이프로 중심을 절개하여 좌우 한 세트가 되도록 분리하고 패드를 완성한다.

펠트와 솜, TC의 연결

뽕뽕이 미싱

패드와 마꾸라지는 목적과 의도에 따라 크기와 두께, 모양을 달리한다. 일반적으로 마꾸라지는 면 T/C와 펠트를 여러 겹으로 만들며, 겉으로 보일 때 아다리(누름자국)가 생기지 않도록 다층구조로 만들어진다.

패드의 경우 끝처리가 각으로 된 각패드를 사용하는 것이 일반적이나, 여성복의 경우에는 각패드와 함께 어깨 곡선의 미를 강조하고자 가장자리가 둥글게 처리된 패드를 사용하고 있다. 또한 디자인 의도에 따라 라그랑 패드, 크기와 형태가 다른 여러 종류의 패드를 사용하며 파워 숄더의 경우 20~25m/m의 패드를 사용하기도 한다.

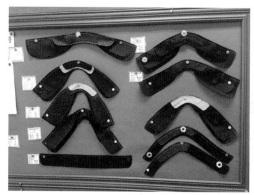
다양한 마꾸라지

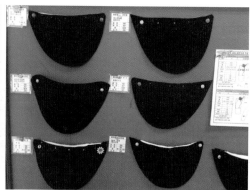
다양한 패드

# 07 재봉사의 이해

재봉사란 재봉하는 데 쓰이는 실의 총칭이다. 재봉사가 공업 제품으로 발전한 것은 19세기, 즉 재봉틀의 발명 이후부터이다. 재봉사는 의류용은 물론 산업자재용, 인테리어용에 이르기까지 폭넓게 사용되고 있다. 오랜 역사를 가진 면과 견 재봉사 외에도 폴리에스테르, 나일론, 비닐론, 레이온 등 다양한 종류의 재봉사가 나오고 있다.

## 1) 재봉사의 특성
재봉사의 굵기와 꼬임은 다음과 같다.

### (1) 실의 굵기
① 항중식: 실의 굵기를 '단위 무게당 길이'로 나타낸 것이다. 일정량의 실의 무게에서 실을 뽑을 수 있는 길이의 단위수로서 '번수'로 나타낸다. 번수가 높을수록 실이 가늘고 고우며 번수가 낮을수록 실이 두껍고 거칠다.

　　이렇게 항중식에는 '면사식 번수법'과 '미터식 번수법'이 있다. 면사식 번수법은 무게 1파운드(453.6g)에서 나올 수 있는 840야드(768m)의 실의 길이를 1번수로 보는 것이며, 미터식 번수법은 1g에서 나올 수 있는 1m의 실의 길이를 1번수로 보는 것이고, 이러한 미터식 번수법이 널리 쓰이고 있다. 우리가 흔히 '30수 3합', '50수 4합'으로 말할 때 실의 종류 중에 '수'가 위에서 설명한 번수를 의미하며 '합'은 몇 가닥의 실을 꼬아서 만들었는지의 여부를 말한다.

② 항장식: 항중식과는 반대로 실의 굵기를 '길이 단위당 무게'로 나타낸 것으로, 일정한 실의 길이를 정하고 실의 무게가 얼마가 나왔는지를 측정하는 방법이며 데니어(Denier)로 나타낸다. 9,000m당 1g이면 1데니어로 나타내며, 번수가 클수록 실이 가는 항중식과 달리 항장식에서는 데니어가 적을수록 실이 가늘다.

### (2) 꼬임
제조 과정에서는 꼬임의 방향과 꼬임의 수가 재봉사의 성질을 크게 좌우하기도 한다. 실의 꼬임 방향이 어떻게 되어 있는지에 따라 S꼬임(우연)과 Z꼬임(좌연)으로 나누어진다. 일반적으로 면으로 만든 재봉사는 Z꼬임을, 견으로 만든 재봉사는 S꼬임을 주는 경우가 많다. 꼬임 수를 많이 줄 경우 강연사, 꼬임을 덜 줄 경우 약연사라고도 부른다.

## 2) 재봉사의 성질

재봉사의 다양한 성질을 살펴보면 다음과 같다.

### (1) 강력 및 신도

재봉사에 힘을 가하여 당기면 늘어나고 가늘어지면서 결국 끊어지게 되는데, 이때 재봉사에 힘을 가한 무게를 '인장강도'라 하며 실이 늘어난 신장률을 '신도(%)'라고 한다. 일반적으로 강력이 일정하고 신도는 중간 정도여야 좋은 재봉사로 평가된다.

### (2) 내열성 및 평활성

재봉사는 봉제 중에 바늘이 직물을 관통할 때 마찰열 및 마찰에 의해 강력이 저하되어 절단되는 경우가 있는데, 이러한 내열성이 강할수록 실 끊김이 없고 고속봉제에 적합하다. 또한 표면이 매끄러운 정도를 평활성이라고 하는데, 평활성이 좋을수록 내열성이 강하다.

### (3) 영률 및 탄성회복률

영률 및 탄성회복률은 쉽게 말해 재봉사의 탄성과 관련이 있다. 재봉사의 영률은 루프의 형성에 영향을 받으며, 파카링 발생과도 밀접한 관계가 있다. 영률이 높아 재봉사가 딱딱한 경우 파카링이 생기기 쉬우며, 영률이 낮아 재봉사가 부드러운 경우에는 그만큼 파카링이 생길 확률이 적다.

### (4) 치수안전성

재봉사를 만들었을 때 외부 환경에 의해 늘어나거나 줄어드는 등의 영향을 말하는 것이다. 치수안전성이 좋을수록 외부 환경에 의한 변형이 없기 때문에 좋은 재봉사라고 할 수 있다.

### (5) 염색견뢰도

염색에서 외부 환경에 색이 견디는 정도를 염색견뢰도라고 한다. 염색견뢰도가 높을수록 색의 변형이나 탈색이 거의 없고, 염색견뢰도가 낮을수록 색이 변하거나 빠지는 경우가 많다.

## 3) 소재에 따른 재봉사의 사용

재봉사는 소재에 따라 그 종류가 달라진다. 소재별 실의 종류와 재봉바늘의 호수, 2.5cm 당 땀수를 살펴보면 다음과 같다.

| 구분 | 원단 | 실의 종류 | 재봉바늘 호수 | 2.5cm당 땀수(stitch) |
|---|---|---|---|---|
| 얇은 소재 | 시폰, 오간자, 실크, 노방, 조젯 | 면 80~100번수<br>견 100~120번수<br>합성사 80~100번수 | 9~11호 | 11~12땀 |
| 중간 두께의 소재 | 면, 마, 모 | 면 70~80번수<br>견 100~120번수<br>합성사 70~80번수 | 11~14호 | 11~12땀 |
| 두꺼운 소재 | 데님, 옥스퍼드 | 면 40~50번수<br>견 60~70번수<br>합성사 60~70번수 | 14~16호 | 10~11땀 |
| 스판 소재 | 면 스판, 레이온 스판, 폴리에스테르 스판 | 면 70~100번수<br>견 100~120번수<br>합성사 70~80번수 | 10~14호 | 11~12땀 |
| 비닐·피혁 | 가죽, 레자 | 면 40~100번수<br>견 60~70번수<br>합성사 70~80번수 | 11호, 14호, 16호 | 8~9땀 |
| 파일(pile)직물 | 퍼, 벨벳, 코듀로이 | 면 30~40번수<br>견 50~60번수<br>합성사 50~60번수 | 14~16호 | 9~10땀 |

# 08 제도에 사용되는 부호

| 부호 | 설명 | 부호 | 설명 |
|------|------|------|------|
| ——— | 패턴 완성선 | ⌢ | 늘림 표시 |
| ——— | 완성선을 그리기 위한 안내선 | ✂ | 절개 표시 |
| ～～～ | 개더(셔링) 표시 오그림 표시 | - - - - - - | 안단선 위치 표시 |
| ⊢——⊣ | 치수보조선 | - - - - - - - | 스티치 표시 |
| ⌒⌒ | 등분선·등분 표시 | → | 턱, 스트라이프 방향 표시 |
| ⌒ | 골선 표시 | ◁ | 다트 표시 |
| | 맞주름의 사선, 화살표 표시 | | 외주름의 사선, 화살표 표시 |
| ✕ | 바이어스 표시 | ∟ ∟ | 직각 표시 |
| | 선의 교차 | ⊕ | (좌)단추 표시 (우)단춧구멍 표시 |
| ↓ ↕ ↑ | 식서 방향의 다양한 표시 | ↕ ↓ ↑<br>① ② ③ | 식서 표시 종류<br>① 양방향<br>② 일방향<br>③ 역방향 |

# 09 그레이딩의 이해

그레이딩(grading)은 일반적으로 '단계 짓는다', '분류한다'는 뜻으로 입체재단이나 평면 제도에 의하여 제작된 기본 사이즈(100호)의 패턴을 단계에 따라 확대(105호) 또는 축소 (95호)하는 작업을 말한다. 각종 사이즈로 대량 생산해야 하는 기성복 업체에서는 패턴 그레이딩이 필수적이다. 과거에는 손으로 직접 그레이딩을 했으나 현재는 어패럴 캐드를 이용한 작업으로 대체되었다. 현재 국내 어패럴 개드 시스템 보급 업체로는 유카, 거버, 렉트라, 아사히, 사이버, 패드 등이 있다.

그레이딩의 방법에는 절개식 방법과 포인트 방법이 있으며, 어패럴 캐드의 기종에 따라 포인트 방법과 절개식 방법을 사용하고 있다. 앞으로 어패럴 캐드의 활용을 활성화하

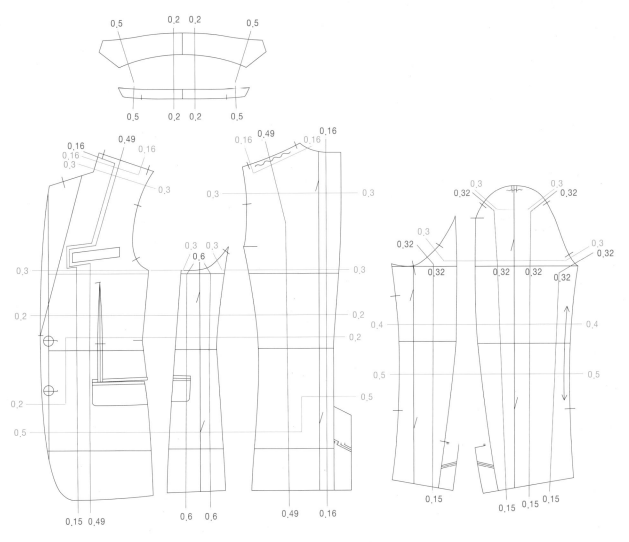

절개 방식의 예

면 수작업으로 제작된 패턴을 데이터베이스화하여 언제든 다시 사용할 수 있고 국내외 협력업체와 인터넷상으로 공유할 수 있어 여러 가지 업무를 효율적으로 개선할 수 있다. 또한 기술 습득에 따른 전문지식이 체계화되면서 그레이딩뿐만 아니라 수작업 패턴 제작에서도 어패럴 캐드에 의한 패턴 작업이 증가하고 있다.

그레이딩의 증감값(편차값)은 상의의 경우 가슴둘레를 기준으로 하며, 하의의 경우 허리둘레와 엉덩이둘레를 기준으로 한다. 그러나 인체의 변화량은 가슴둘레나 엉덩이둘레 등에 비례하지 않으므로 동일한 증감값으로 그레이딩을 하면 만족스럽지 못한 결과가 나타난다.

따라서 브랜드의 콘셉트와 타깃에 따라 증감값을 다르게 하며, 사이즈의 변화에 따라서도 각 부위의 증감값이 다르게 나타난다. 이는 앞서 언급한 것과 같이 인체의 변화량에 대한 증감값이 가슴둘레나 엉덩이둘레 등에 비례하지 않기 때문이다. 이를 보완하기 위해서는 정확한 인체 계측치의 변화량과 체형별 사이즈 스펙에 따른 증감값에 대한 편차를 고려하는 것이 바람직하다. 일반적인 그레이딩의 증감값(편차값)은 다음과 같다.

## 1) 상의 그레이딩 증감값(편차값)

| 구분 | 어깨너비 | 가슴둘레 | 허리둘레 | 엉덩이둘레 | 밑단둘레 | 소매기장 | 소매통 | 소맷부리 | 총기장 |
|---|---|---|---|---|---|---|---|---|---|
| 재킷 | 1.3cm | 5cm | 5cm | 5cm | 5cm | 1.5cm | 1.3cm | 0.6cm | 1.5cm |
| 셔츠 | 1.3cm | 5cm | 5cm | 5cm | 5cm | 1.5cm | 1.3cm | 0.6cm | 1.5cm |
| 코트 | 1.3cm | 5cm | 5cm | 5cm | 5cm | 1.5cm | 1.3cm | 0.6cm | 1.5cm |
| 점퍼 | 1.3cm | 5cm | 5cm | 5cm | 5cm | 1.5cm | 1.3cm | 0.6cm | 1.5cm |
| 베스트 | 1.3cm | 5cm | 5cm | 5cm | 5cm | · | · | · | 1.5cm |

* 브랜드의 콘셉트와 타깃에 따라 달라질 수 있다.

## 2) 하의 그레이딩 증감값(편차값)

| 구분 | 허리둘레 | 엉덩이둘레 | 바짓부리 | 앞밑위 | 뒤밑위 | 총기장 |
|---|---|---|---|---|---|---|
| 팬츠 | 5cm | 5cm | 0.8cm | 0.6cm | 1cm | 0.6cm |

* 브랜드의 콘셉트와 타깃에 따라 달라질 수 있다.

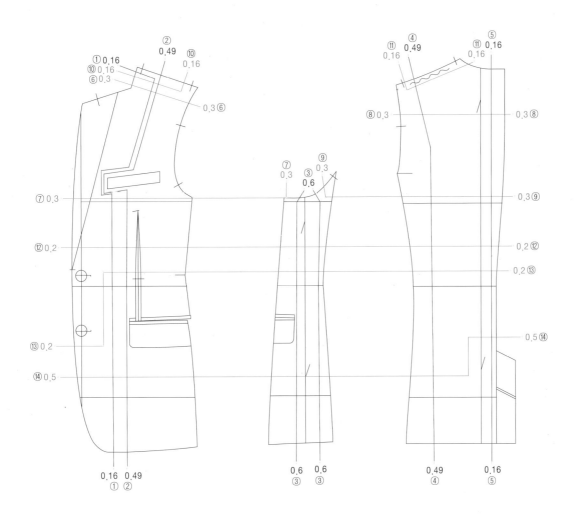

### 3) 앞길과 옆길, 뒷길둘레 증감값의 분배

① 앞네크부터 밑단까지 0.16cm

② 앞어깨부터 밑단까지 0.49cm

③ 앞뒤 앞홀에서부터 밑단까지 0.6cm

④ 뒤어깨부터 밑단까지 0.49cm

⑤ 뒤네크부터 밑단까지 0.16cm

### 4) 앞길과 옆길, 뒷길 기장 증감값의 분배

⑥ 앞품을 지나 앞네크까지 0.3cm

⑦ 앞암홀을 지나 앞중심라펠까지 0.3cm

⑧ 뒤품을 지나 뒤중심까지 0.3cm

⑨ 뒤암홀을 지나 뒤중심까지 0.3cm

⑩ 어깨각도를 맞추기 위해 앞네크에 0.16cm 기장값 추가

⑪ 어깨각도를 맞추기 위해 뒤네크에 0.16cm 기장값 추가

⑫ 가슴선과 허리선 사이로 앞중심을 지나 뒤중심까지 0.2cm

⑬ 단추위치 고정하기, 가슴선과 허리선 사이로 앞중심을 지나 뒤중심까지 0.2cm

⑭ 허리선과 엉덩이선 사이로 앞중심을 지나 뒤중심까지 0.5cm

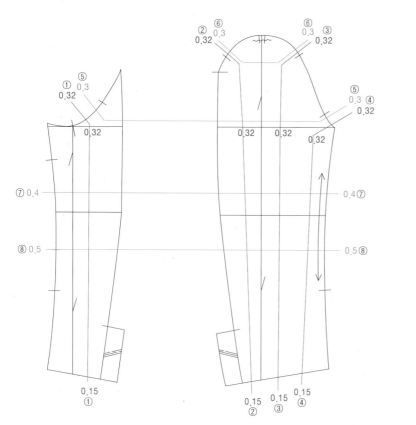

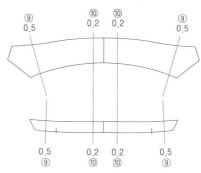

소매통과 소맷부리의 편차는 다르므로 편차값이 다르게 기입된다.

## 5) 소매둘레 증감값의 분배

①, ②, ③, ④ 앞뒤 소매둘레 0.32cm부터 부리까지 0.15cm

## 6) 소매 기장 증감값의 분배

⑤, ⑥ 소매산을 지나 각각 0.3cm

⑦ 소매둘레선과 팔꿈치선 사이로 0.4cm

⑧ 팔꿈치선 아래로 0.5cm

## 7) 칼라와 칼라밴드 증감값의 분배

칼라와 칼라밴드는 네크의 편차값만큼 늘려준다.

⑨, ⑩ 칼라와 편차값은 앞뒤 네크라인의 편차값을 어깨를 기준으로 앞과 뒤로 나누어 준다.

## 8) 그레이딩의 전개

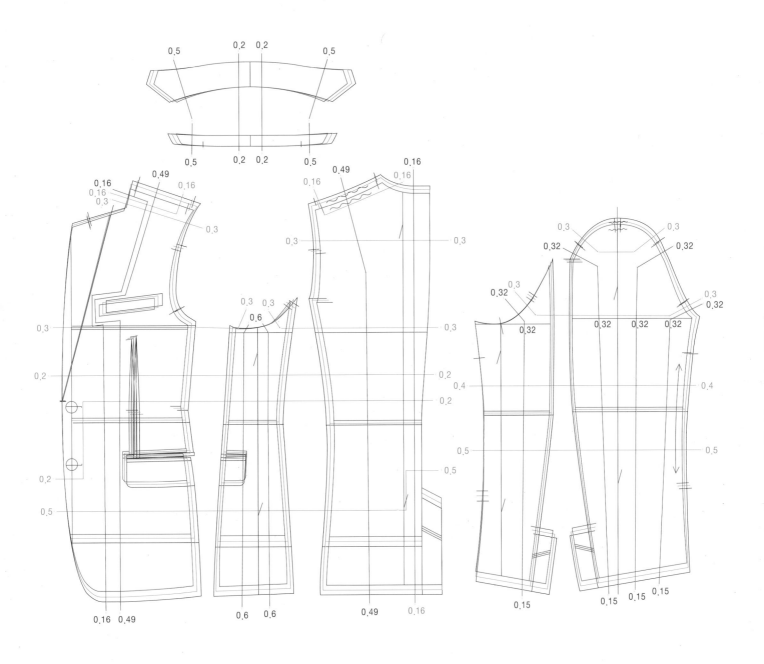

# 02
# 인체 측정과 기성복 사이즈

# CHAPTER 02 인체 측정과 기성복 사이즈

## 01 인체 측정의 이해

의복 디자인을 의도대로 정확하게 형상화하기 위해서는 인체의 구조와 그 형태에 대한 이해가 먼저 요구된다. 특히 일반적인 기성복을 생산하는 의류업체는 보다 많은 인체에 적합한 디자인을 해야 하기 때문에 타깃 소비자의 인체 측정치 평균을 알아 두어야 한다.

### 1) 인체 측정의 목적

인체 측정은 디자인 단계에서 의복 실루엣에 영향을 주는 프로포션의 정확도를 위해 숙지해야 한다. 패턴 메이킹에서는 인체의 측정치(길이, 둘레, 너비 등)가 제도에 실제로 사용되므로 반드시 인체 측정이 우선되어야 한다.

### 2) 인체 측정의 방법

인체 측정의 기본적인 자세는 똑바로 선 자세(정립식)이다. 측정기준선과 측정기준점을 정하고, 측정기를 이용하여 신체 부위별 길이와 둘레 항목을 측정한다.

 개인의 독자적인 방법을 이용한 인체 측정은 수치의 정확성에 근거가 없기 때문에 측정기관에서의 방법과 전통적인 학문에서의 측정 방법을 반드시 숙지해야 한다. 지금까지 주로 측정자가 직접 길이와 둘레를 측정하는 직접 측정 방법이 사용되었으나, 최근에는 컴퓨터 기술의 발달로 인해 전문기관에서 3차원 인체 스캐닝 시스템을 이용하고 있다.

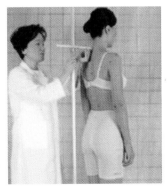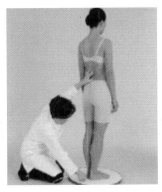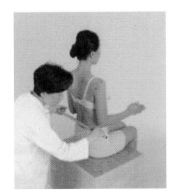

직접 측정(마틴식 측정자를 이용하여 인체치수를 측정하는 방법)

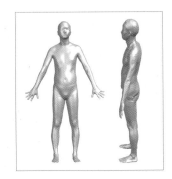

인체를 3차원 인체측정기로 스캔하여 3차원 인체형상 정보를 얻는 방법

한국인 인체치수 조사

**1 머리수직길이** head height
머리마루점에서 턱끝점까지의 수직거리이다.

**2 목둘레** neck circumference
목옆점을 수평으로 지나는 둘레를 줄자를 세워 측정한다.

**3 목밑둘레** neck base circumference
목뒤점에서 시작하여 오른쪽 목옆점, 목앞점, 왼쪽 목옆점을 차례로 지나게 하며, 줄자를 세워 둘레치수를 잰다.

**4 겨드랑앞벽사이길이(앞품)** front interscye length
오른쪽 겨드랑앞벽에서 왼쪽 겨드랑앞벽점까지의 체표길이를 잰다.

**5 앞중심길이** waist front length
줄자로 목앞점에서 허리앞점까지의 체표길이를 잰다.
자연스럽게 숨을 쉬다가 최고점일 때 눈금을 읽는다.

**6 목옆젖꼭지허리둘레선길이(앞길이)** neck point to breast point to waistline
목옆점에서 젖꼭지점을 지나 허리둘레선까지의 수직길이이다.

**7 허리둘레** waist circumference
허리앞점, 허리옆점, 허리뒤점을 지나는 둘레이다.

**8 배꼽수준허리둘레** waist circumference, omphalion
배꼽점, 배꼽수준허리옆점, 배꼽수준허리뒤점을 지나는 수평둘레이다.

**9 엉덩이둘레** hip circumference
엉덩이 돌출점을 지나는 수평둘레이다.

**10 넙다리둘레** thigh circumference
넙다리부위를 지나는 최대둘레를 잰다.

**11 넙다리중간둘레** middle thigh circumference
넙다리와 무릎 중앙 지점의 둘레를 잰다.

**12 무릎둘레** knee circumference
무릎뼈가운데점을 지나는 둘레치수를 잰다.

**13 장딴지둘레** calf circumference
장딴지돌출점을 지나는 둘레를 잰다.

**14 종아리최소둘레** minimum leg circumference
종아리아래점을 지나는 최소둘레이다.

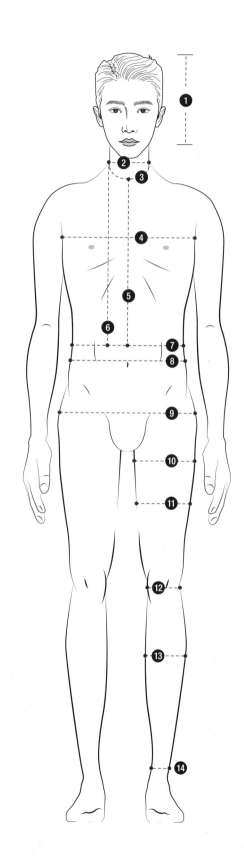

⑮ **머리두께** head length
눈살점에서 뒤통수돌출점까지의 거리이다.

⑯ **가슴둘레선** chest circumference line
복장뼈 가운데점을 지나는 수평둘레이다.

⑰ **위팔길이** upper arm length
어깨가쪽점에서 노뼈위점까지의 길이이다.

⑱ **팔꿈치둘레** elbow circumference
굽힌 팔꿈치의 팔꿈치가운데점을 지나는 둘레를 잰다.

⑲ **샅앞뒤길이** crotch length
허리앞점에서 샅점을 지나 허리뒤점까지의 길이를 잰다.

⑳ **팔길이** arm length
어깨가쪽점에서 노뼈위점을 지나 손목안쪽점까지의 길이이다.

㉑ **손목둘레** wrist circumference
손목가쪽점을 지나는 둘레를 잰다.

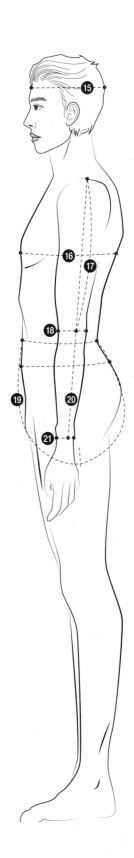

㉒ **머리둘레** head circumference
눈살점과 뒤통수돌출점을 지나는 둘레이다.

㉓ **어깨사이길이** biacromion length
양쪽 어깨점 사이 길이이다.

㉔ **목뒤등뼈위겨드랑수준길이(겨드랑이길이)** scye depth
목뒤점에서 등뼈위 겨드랑수준점까지의 길이이다.

㉕ **겨드랑뒤벽사이길이(뒤품)** back interscye, length
왼쪽 겨드랑뒤벽점에서 오른쪽 겨드랑뒤벽점까지 길이를
잰다.

㉖ **위팔둘레** upper arm circumference
오른쪽 위팔두갈래근점을 지나는 둘레치수를 잰다.

㉗ **등길이** waist back length natural indentation
목뒤점에서 허리뒤점까지 길이이다.

㉘ **엉덩이길이** hip length
오른쪽허리 옆점에서 엉덩이돌출점 수준까지의 체표길이를
잰다.

㉙ **엉덩이수직길이(밑위길이)** body rise
허리둘레선에서 샅점까지의 수직거리이다.

㉚ **무릎길이** knee length
허리옆점에서 정강뼈 위점까지의 거리이다.

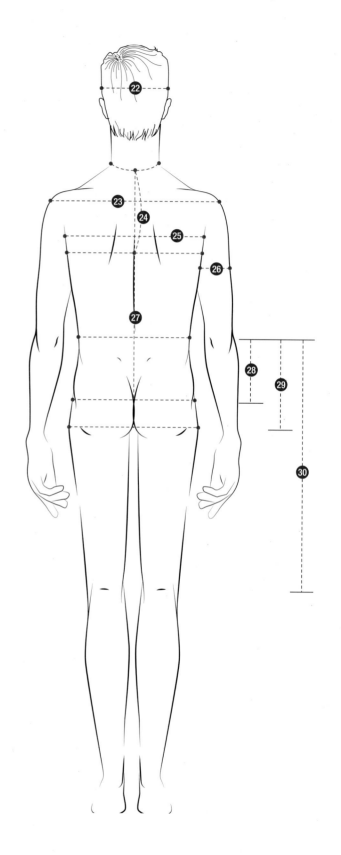

## 성인남성 표준체형 참고치수

| 측정 항목 | 20~24세 | 25~29세 | 30~34세 | 35~39세 | 40~49세 |
|---|---|---|---|---|---|
| 키 | 173.5 | 173.6 | 172.4 | 171.9 | 169.2 |
| 목밑둘레 | 42.9 | 43.2 | 43.1 | 43.5 | 43.4 |
| 가슴둘레 | 94 | 96.1 | 96 | 97.3 | 96.2 |
| 젖가슴둘레 | 90.4 | 92.5 | 93 | 94.7 | 93.6 |
| 허리둘레 | 78.4 | 81.3 | 83.6 | 85.8 | 85.7 |
| 배꼽수준허리둘레 | 80.4 | 83.2 | 85 | 86.8 | 86.1 |
| 엉덩이둘레 | 93.3 | 94.8 | 94.8 | 95.1 | 93.7 |
| 넙다리둘레 | 55.8 | 56.7 | 56.7 | 56.7 | 55.3 |
| 넙다리중간둘레 | 51.7 | 52.9 | 52.6 | 52.4 | 50.9 |
| 무릎둘레 | 37.4 | 37.6 | 37.4 | 37.5 | 36.7 |
| 장딴지둘레 | 38 | 38.4 | 38.3 | 38.3 | 37.4 |
| 종아리최소둘레 | 22.3 | 22.3 | 22.2 | 22.2 | 21.9 |
| 겨드랑둘레 | 42.7 | 43.1 | 43.3 | 44 | 43.2 |
| 위팔둘레 | 29.7 | 30.6 | 30.9 | 31.1 | 31.1 |
| 팔꿈치둘레 | 28.2 | 29 | 29.4 | 29.8 | 29.3 |
| 손목둘레 | 16.3 | 16.6 | 16.7 | 17 | 17 |
| 머리둘레 | 57.5 | 57.5 | 57.3 | 57.1 | 56.9 |
| 어깨사이길이 | 43.5 | 43.5 | 43.3 | 43.3 | 42.5 |
| 목뒤등뼈위겨드랑수준길이 | 19.2 | 19.9 | 20.1 | 20.3 | 19.8 |
| 등길이 | 43.4 | 44.1 | 44.3 | 44.6 | 44.4 |
| 앞중심길이 | 37.5 | 37.8 | 38 | 38.6 | 38.2 |
| 겨드랑앞벽사이길이(앞품) | 36.7 | 37 | 36.8 | 36.9 | 36.5 |
| 겨드랑뒤벽사이길이(뒤품) | 41 | 41.3 | 41.4 | 41.5 | 40.8 |
| 목옆허리둘레선길이(앞길이) | 44.6 | 45.1 | 45.2 | 45.7 | 45.6 |
| 엉덩이옆길이 | 19.6 | 19.6 | 19.4 | 19.1 | 18.6 |
| 엉덩이수직길이(밑위길이) | 26.1 | 26.4 | 25.8 | 26 | 24.9 |
| 몸통수직길이 | 68.3 | 69.3 | 68.9 | 69.3 | 67.9 |
| 샅앞뒤길이 | 74.9 | 76 | 76.3 | 76.3 | 75 |
| 배꼽수준샅앞뒤길이 | 68.7 | 69.8 | 69.9 | 69.8 | 69.1 |
| 팔길이 | 58.8 | 58.9 | 58.3 | 58.2 | 57 |
| 위팔길이 | 33.7 | 33.8 | 33.6 | 33.5 | 33 |
| 머리수직길이 | 23.7 | 23.7 | 23.5 | 23.6 | 23.4 |
| 머리두께 | 18.8 | 18.9 | 18.7 | 18.6 | 18.6 |
| 겨드랑두께 | 11.5 | 11.9 | 11.7 | 11.8 | 11.7 |
| 허리높이 | 105.1 | 105.1 | 103.8 | 103 | 101.1 |
| 엉덩이높이 | 87 | 86.6 | 85.5 | 85 | 83.7 |
| 무릎높이 | 46 | 44.7 | 44.2 | 43.7 | 43.2 |

단위: cm

# 20대 남성 신체 부위별 측정지수

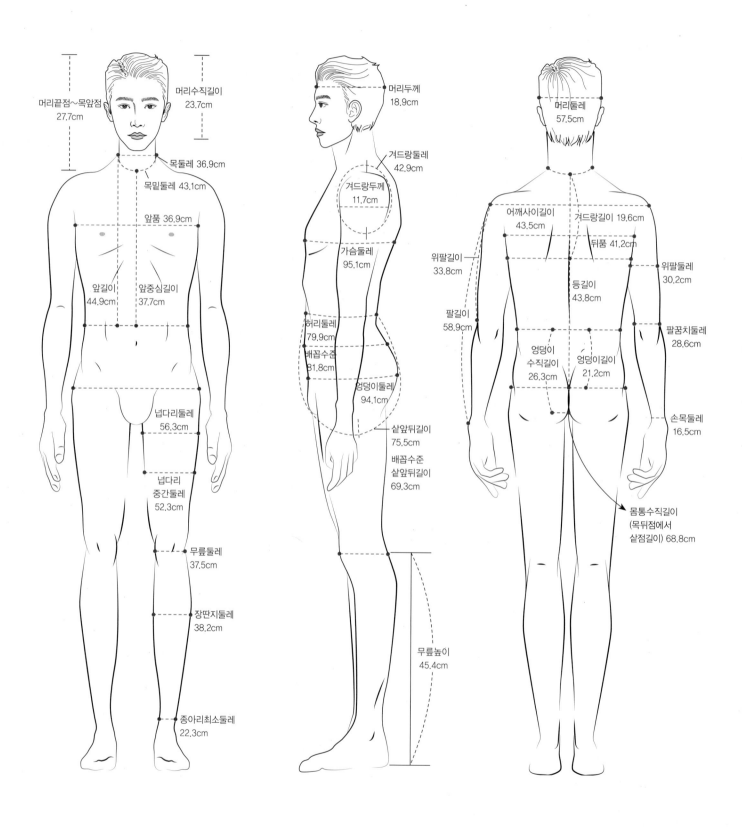

머리끝점~목앞점
27.7cm

머리수직길이
23.7cm

목둘레 36.9cm

목밑둘레 43.1cm

앞품 36.9cm

앞길이
44.9cm

앞중심길이
37.7cm

넙다리둘레
56.3cm

넙다리
중간둘레
52.3cm

무릎둘레
37.5cm

장딴지둘레
38.2cm

종아리최소둘레
22.3cm

머리두께
18.9cm

겨드랑둘레
42.9cm

겨드랑두께
11.7cm

가슴둘레
95.1cm

허리둘레
79.9cm

배꼽수준
81.8cm

엉덩이둘레
94.1cm

샅앞뒤길이
75.5cm

배꼽수준
샅앞뒤길이
69.3cm

무릎높이
45.4cm

머리둘레
57.5cm

어깨사이길이
43.5cm

겨드랑길이 19.6cm

뒤품 41.2cm

위팔길이
33.8cm

위팔둘레
30.2cm

등길이
43.8cm

팔길이
58.9cm

팔꿈치둘레
28.6cm

엉덩이
수직길이
26.3cm

엉덩이길이
21.2cm

손목둘레
16.5cm

몸통수직길이
(목뒤점에서
샅점길이) 68.8cm

## 30대 남성 신체 부위별 측정지수

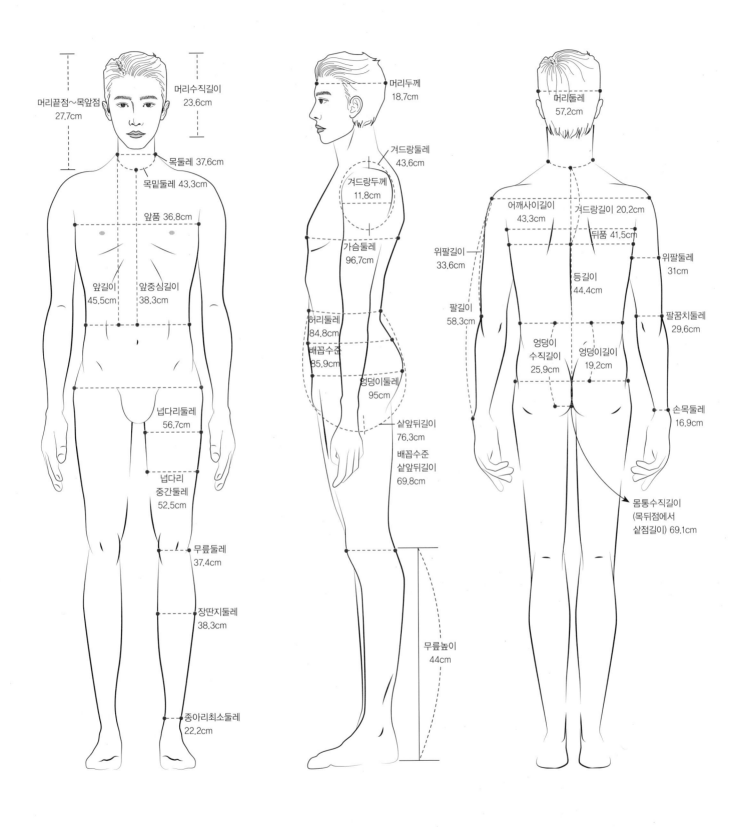

머리끝점~목앞점 27.7cm

머리수직길이 23.6cm

목둘레 37.6cm

목밑둘레 43.3cm

앞품 36.8cm

앞길이 45.5cm

앞중심길이 38.3cm

넙다리둘레 56.7cm

넙다리 중간둘레 52.5cm

무릎둘레 37.4cm

장딴지둘레 38.3cm

종아리최소둘레 22.2cm

머리두께 18.7cm

겨드랑둘레 43.6cm

겨드랑두께 11.8cm

가슴둘레 96.7cm

허리둘레 84.8cm

배꼽수준 85.9cm

엉덩이둘레 95cm

샅앞뒤길이 76.3cm

배꼽수준 샅앞뒤길이 69.8cm

무릎높이 44cm

머리둘레 57.2cm

어깨사이길이 43.3cm

겨드랑길이 20.2cm

뒤품 41.5cm

위팔길이 33.6cm

위팔둘레 31cm

등길이 44.4cm

팔길이 58.3cm

팔꿈치둘레 29.6cm

엉덩이 수직길이 25.9cm

엉덩이길이 19.2cm

손목둘레 16.9cm

몸통수직길이 (목뒤점에서 샅점길이) 69.1cm

# 03 국내 기성복 조닝별 사이즈

## 1) 남성복 조닝별 브랜드 현황

| 조닝 구분 | | 브랜드 |
|---|---|---|
| 신사 정장 | | 갤럭시, 로가디스, 캠브리지멤버스, 마에스트로, 닥스, 파크랜드, 웰메이드 |
| 캐주얼웨어 | 캐릭터 캐주얼 | 타임옴므, 지오지아, 지이크, 엠비오, 솔리드옴므, 시스템옴므, 질스튜어트 뉴욕, 커스텀멜로우, 트루젠, 본, 시리즈 |
| | TD 캐주얼 | 빈폴 맨즈, 헤지스, 라코스테, 올젠, 헨리코튼 |
| | 비즈니스 캐주얼 | 폴앤루이스, STCO, VINO |

## 2) 남성복 조닝별 사이즈 스펙

| 품목 | 측정 항목 | 신사 정장 | 캐릭터 캐주얼 | TD 캐주얼 | 비즈니스 캐주얼 |
|---|---|---|---|---|---|
| 셔츠 | 어깨너비 | 48 | 45~45.5 | 47 | 47 |
| | 가슴둘레 | 110 | 102~104 | 109 | 107 |
| | 허리둘레 | 102 | 92~93 | 100 | 102 |
| | 엉덩이둘레 | 105 | 96~100 | 103~105 | 104~105 |
| | 기장 | 74 | 72 | 72 | 73 |
| | 소매통둘레 | 41~42 | 38~40 | 40~41 | 40~41 |
| | 소맷부리둘레 | 21~22 | 21 | 21~21.5 | 21 |
| | 소매기장 | 63 | 64 | 64 | 64 |

| 품목 | 측정 항목 | 신사 정장(1턱) | 캐릭터 캐주얼 | TD 캐주얼 | 비즈니스 캐주얼 |
|---|---|---|---|---|---|
| 캐주얼 팬츠 | 허리둘레 | 85 | 85 | 86 | 85 |
| | 엉덩이둘레 | 109 | 100 | 105 | 103 |
| | 밑단둘레 | 43 | 42 | 45 | 42 |
| | 앞밑 위<br>(허릿단 포함) | 26 | 23.5 | 26 | 25 |
| | 뒤밑 위<br>(허릿단포함) | 42.5 | 38.5 | 41.5 | 40 |

단위: cm

| 품목 | 측정 항목 | 신사 정장 | 캐릭터 캐주얼 | TD 캐주얼 | 비즈니스 캐주얼 |
|---|---|---|---|---|---|
| 다이마루 티셔츠 | 어깨너비 | 46 | 45 | 45.5 | 46 |
| | 가슴둘레 | 108 | 100 | 110 | 104 |
| | 허리둘레 | 102 | 96 | 100 | 98 |
| | 엉덩이둘레 | 103 | 95 | 105 | 99 |
| | 기장 | 70 | 68~60 | 70~71 | 72 |
| | 소매통둘레 | 38 | 36 | 37~38 | 36~37 |
| | 소맷부리둘레 | 23(21) | 22(20) | 22~23(21) | 22.5(20.5) |
| | 소매기장(반팔) | 63(23) | 64(21) | 64(22) | 63(23) |

| 품목 | 측정 항목 | 신사 정장 | 캐릭터 캐주얼 | TD 캐주얼 | 비즈니스 캐주얼 |
|---|---|---|---|---|---|
| 슈트(상의) | 어깨너비 | 46 | 44 | 45 | 44 |
| | 가슴둘레 | 111 | 103.5 | 103 | 102 |
| | 허리둘레 | 99 | 91.5 | 94 | 111 |
| | 엉덩이둘레 | 111~113 | 104.5 | 106 | 104 |
| | 기장 | 75 | 72 | 70 | 75 |
| | 소매통둘레 | 40~40.5 | 37.5 | 37.5 | 38 |
| | 소맷부리둘레 | 29 | 27~27.5 | 27.5 | 27~28 |
| | 소매기장 | 62 | 64 | 64 | 62 |

| 품목 | 측정 항목 | 신사 정장(1턱) | 캐릭터 캐주얼 | TD 캐주얼 | 비즈니스 캐주얼 |
|---|---|---|---|---|---|
| 슈트(하의) | 허리둘레 | 85 | 85 | 85 | 84 |
| | 엉덩이둘레 | 108~109 | 99 | 102 | 99 |
| | 밑단둘레 | 42.6 | 42 | 42 | 43 |
| | 앞밑 위 (허릿단 포함) | 26.5 | 24 | 25 | 25 |
| | 뒤밑 위 (허릿단 포함) | 43 | 40.5 | 41~42.5 | 40.5 |

| 품목 | 측정 항목 | 신사 정장 | 캐릭터 캐주얼 | TD 캐주얼 | 비즈니스 캐주얼 |
|---|---|---|---|---|---|
| 코트 (체스터 코트) | 어깨너비 | 47 | 45 | 47 | 45 |
| | 가슴둘레 | 114 | 105~106 | 110 | 107 |
| | 허리둘레 | 102 | 94~97 | 104 | 99 |
| | 엉덩이둘레 | 116~117 | 106~108 | 112 | 109 |
| | 기장 | 90 | 82 | 84 | 82 |
| | 소매통둘레 | 41~42 | 39~40 | 40~41 | 39.5~41 |
| | 소맷부리둘레 | 30.5 | 29 | 29~30 | 29~29.5 |
| | 소매기장 | 64.5 | 64.5 | 64 | 63 |

단위: cm

## 남성복 실루엣의 변화

1990년대 초반 최신 트렌드를 반영한 3버튼 재킷을 입으면 패션리더라고 생각하던 시절이 있었다. 1995년도에는 트렌드의 상징인 4버튼까지 유행했다.

그때까지만 해도 실루엣 위주의 슬림핏 재킷은 국내에서는 찾아보기 힘들었고 허리선이 강조되지 않은 일자 실루엣이 대부분이었다. 그러나 2000년 후반에 들어서며 본격적인 실루엣의 변화가 찾아왔다. 3버튼 재킷은 사라지고 2버튼과 1버튼 재킷이 트렌드로 자리 잡았다.

넓은 어깨를 좁히고 어깨 패드를 낮추었으며, 허리선이 핏되고 라펠 폭이 좁아졌다. 뒤중심트임과 양쪽트임을 주어 실루엣과 기능적인 부분을 강조하기도 하였다.

불과 3년 전에 입었던 옷이 크게 느껴질 정도로 더더욱 슬림화되는 현상이 트렌드에 반영되고 있다. 심지어 셔츠의 목둘레까지도 작아졌다. 가슴둘레만 살펴보면 12~14cm의 여유를 주었던 예전과 달리 20대 슬림핏 재킷은 6~7cm 정도의 여유만 주고 만드는 것이 요즘 추세이다. 그러나 여성복에 비하면 아직도 적지 않은 여유 분량을 주는 것도 사실이다. 왜냐하면 20대 여성복 1버튼 재킷의 경우, 가슴둘레의 여유를 전혀 주지 않거나 기껏해야 1~2cm 주는 것이 대부분이기 때문이다.

팬츠의 경우 밑위길이를 줄이고 엉덩이둘레와 뒤샅에 여유를 줄였으며, 무릎둘레와 밑단둘레까지 눈에 띄게 줄였다. 특히 밑위길이와 뒤샅을 줄여서 엉덩이가 처져 보이는 현상을 없애고, 슬림하면서 하체가 길어 보이는 실루엣이 트렌드로 자리 잡았다.

점점 슬림화되는 재킷과 팬츠의 실루엣은 한동안 지속될 전망이다. 이 책에서 제시하는 패턴은 어느 정도의 실루엣과 기능성을 고려한 제도법이다.

# 팬츠

## 01 팬츠 원형의 이해

### 1) 팬츠 각 부위의 명칭

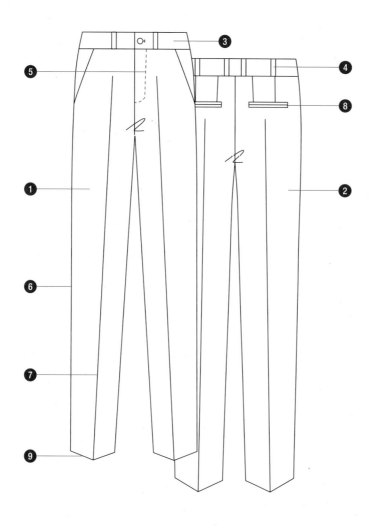

| 번호 | 표준 용어 | 영어 | 현장 용어 |
|------|-----------|----------|-----------|
| 1 | 앞길 | front pants | 앞판 |
| 2 | 뒷길 | back pants | 뒤판 |
| 3 | 허리밴드 | waist band | 오비 |
| 4 | 벨트고리 | belt loop | 벨트고리 |
| 5 | 팬츠플라이 | pants fly | 뎅고 |
| 6 | 옆솔기 | side seam | 와끼 |
| 7 | 바지주름선 | crease | 레지끼 |
| 8 | 힙포켓 | hip pocket | 가다다마 |
| 9 | 바지밑단 | bottom | 부리 |

## 2) 팬츠 제품 치수 재는 방법

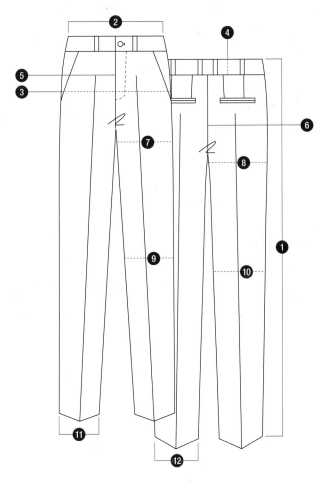

| 번호 | 항목 | 측정 방법 |
|---|---|---|
| 1 | 바지길이 | 허리밴드폭을 포함하여 바지옆선 길이를 잰다. |
| 2 | 허리둘레 | 단추를 채운 상태에서 수평으로 허리둘레선의 치수를 잰 뒤 2배 한다. |
| 3 | 엉덩이둘레 | 허리선에서 엉덩이길이만큼 내려온 지점에서 엉덩이둘레의 치수를 잰다. |
| 4 | 허리밴드폭 | 허리밴드폭의 치수를 잰다. |
| 5 | 앞밑위길이 | 허리밴드폭을 포함한 앞밑위둘레 길이를 잰다. |
| 6 | 뒤밑위길이 | 허리밴드폭을 포함한 뒤밑위둘레 길이를 잰다. |
| 7 | 앞대퇴너비 | 밑위선에서 앞대퇴너비를 잰다. |
| 8 | 뒤대퇴너비 | 밑위선에서 뒤대퇴너비를 잰다. |
| 9 | 앞무릎너비 | 무릎둘레위치에서 수평으로 앞무릎둘레를 잰다.<br>(가장 들어간 부분을 무릎위치로 보기도 한다.) |
| 10 | 뒤무릎너비 | 무릎둘레위치에서 수평으로 뒤무릎둘레를 잰다.<br>(가장 들어간 부분을 무릎위치로 보기도 한다.) |
| 11 | 앞바짓부리폭 | 앞바짓부리폭의 치수를 잰다. |
| 12 | 뒤바짓부리폭 | 뒤바짓부리폭의 치수를 잰다.<br>(무릎너비와 바짓부리폭은 수평으로 길이를 잰 후 2배 하는 경우가 많다.) |

## 3) 팬츠 제도에 필요한 용어 및 약어

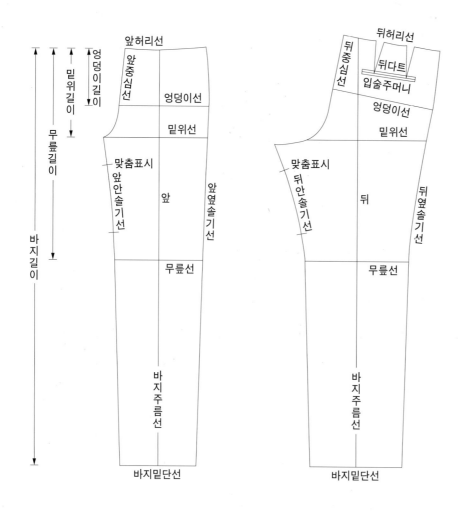

| 표준 용어 | 영어 | 약어 |
|---|---|---|
| 허리선 | waist line | WL |
| 엉덩이선 | hip line | HL |
| 무릎선 | knee line | KL |
| 바지밑단선 | hem line | · |
| 엉덩이길이 | hip length | · |
| 밑위선 | crotch line | CL |
| 바지길이 | pants length | PL |
| 옆솔기선 | side seam | SS |
| 안솔기선 | inseam | · |
| 바지주름선 | crease line | · |
| 다트 | dart | · |
| 맞춤표시 | notch | · |

Classic Pants

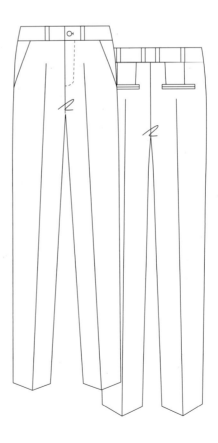

# 02 클래식 팬츠 CLASSIC PANTS

## 1) 팬츠 제도에 필요한 치수

| 항목 | 신체치수 | 패턴치수 |
|---|---|---|
| 허리둘레 | 80cm | · |
| 배꼽수준허리둘레 | 82cm | 83cm |
| 엉덩이둘레 | 95cm | 100cm |
| 바지밑단둘레/2 | · | 22cm |
| 밑위길이 | · | H/4+3~4cm=27cm |
| 바지길이 | · | 110cm |
| 무릎길이 | · | 58cm |

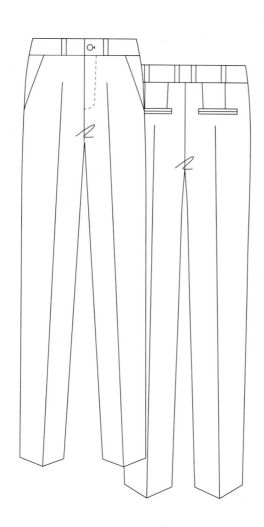

## 2) 클래식 팬츠 앞길 제도

## (1) 기초선 제도

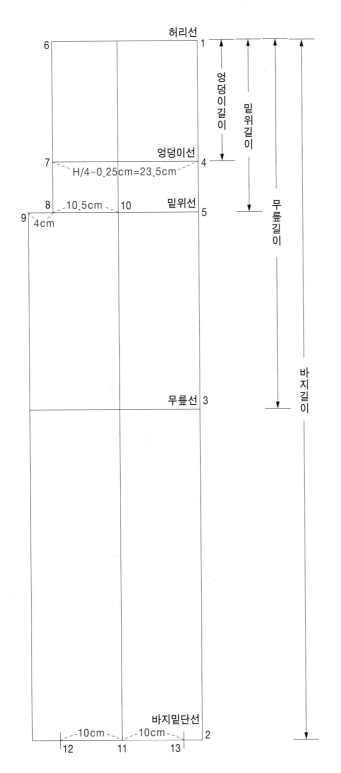

**1~2**   바지길이 110cm

**1~3**   무릎길이 58cm

**1~4**   엉덩이길이 19cm

**1~5**   밑위길이 H/4+3~4cm=27cm

**1~6, 4~7, 5~8**   H/4−0.25cm=23.5cm

**8~9**   앞샅의 폭은 H/16−1.5~2cm=4cm

**8~10**   10.5cm(바지주름 위치)

**11**   점 10에서의 수직선

**12, 13**   밑단둘레/2−2cm=20cm를 점 11을 기준으로 이등분한다.

---

**바지밑단둘레 공식**

- 밑단둘레/2: 22cm
- 앞밑단둘레: 밑단둘레/2−2cm =20cm
- 뒤밑단둘레: 밑단둘레/2+2cm=24cm

## (2) 안솔기·옆솔기·앞샅·허리선의 제도

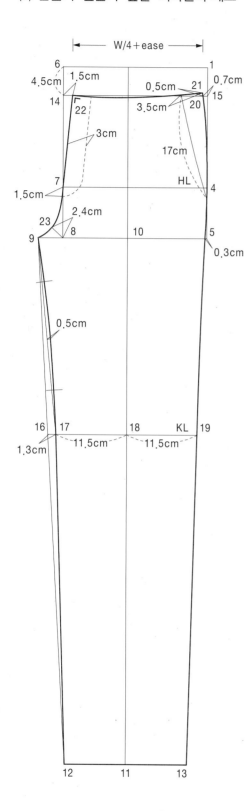

14  점 6에서 4.5cm 내려온 지점

15  점 14에서 수평선으로 연결한 점

16  점 9~12를 직선으로 연결하여 만나는 점

17  점 16에서 1.3cm 들어간 지점

  (디자인에 따라 들어가는 양은 변화된다.)

**17~18=18~19**  11.5cm로 폭을 같게 제도한다.

• 안솔기 점 17~12 직선으로 연결

  점 17~9 곡선으로 연결

• 옆솔기 점 19~13 직선으로 연결

  점 4~19 곡선으로 연결

  (이때 점 5에서 0.2~0.3cm 안으로 들어간 지점에서 곡선으로

  연결한다.)

20  점 15에서 0.7cm 들어간 지점

• 점 4~20 자연스러운 곡선으로 연결한다.

21  점 20에서 0.5cm 연장한 지점

22  점 14에서 1.5cm 들어간 지점

**22~21**  자연스러운 곡선으로 연결한다.

• 허리선 완성

  W/4+ease(0.5cm)=21.2cm

  (W=배꼽수준허리둘레이며, 패턴치수 83cm)

23  점 8에서 2.4cm

**22~7**  직선에 가까운 곡선으로 연결한다.

**7~23~9**  자연스럽게 연결한다.

• 지퍼스티치: 앞중심선에서 3cm 폭, 엉덩이선에서 1.5cm 내린

  지점

• 주머니입구: 3~3.5cm 폭×17~18cm 길이

# 클래식 팬츠 앞길

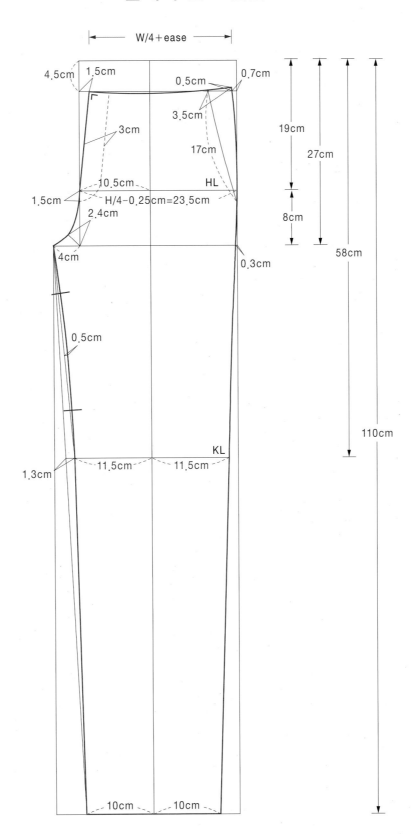

W/4+ease

4.5cm
1.5cm
0.5cm
0.7cm
3.5cm
3cm
17cm
19cm
27cm
10.5cm
HL
1.5cm
H/4−0.25cm=23.5cm
8cm
2.4cm
58cm
4cm
0.3cm
0.5cm
110cm
1.3cm
11.5cm
11.5cm
KL
10cm
10cm

## 3) 클래식 팬츠 뒷길 제도

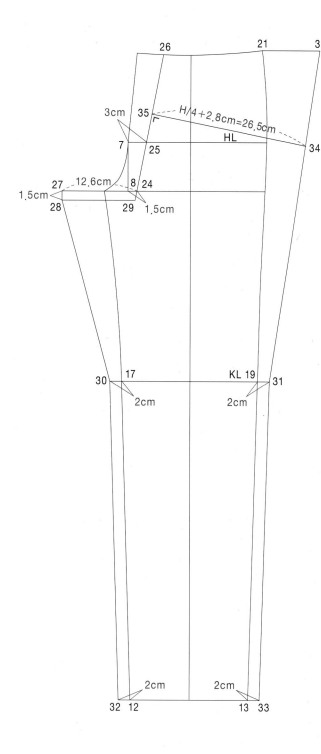

### (1) 뒤중심선·안솔기선의 기초선 제도

**24** 점 8에서 1.5cm 들어간 지점

**25** 점 7에서 3cm 들어간 지점

**26** 점 24, 25를 지나는 직선과 허리선의 교차점

**27** 점 24에서 H/9+2~3cm=12.6cm

(디자인의 의도에 따라 달라진다.)

**28** 점 27에서 1.5cm 수직으로 내려온 지점

(소재의 특성에 따라 1.3~2cm로 제도한다.)

**29** 점 28에서 수평선을 그어 점 24와 연장하여 만나는 지점

### (2) 안솔기·옆솔기의 제도

**17~30, 19~31, 12~32, 13~33**   2cm

**28~30, 30~32, 31~33**   직선으로 연결한다.

**34~35**   H/4+2.8cm=26.5cm

**31~34**   직선으로 연결한다.

**36**   점 21의 수평선과 점 31~34의 연장선과의 교차점

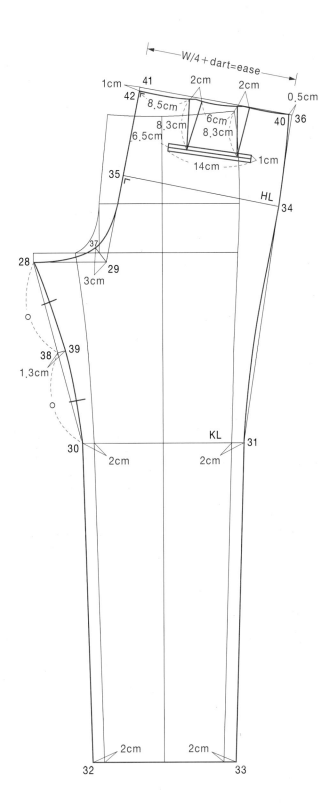

### (3) 뒤샅의 제도

**37** 점 29에서 45° 방향으로 3cm 나간 지점

**35~37~28** 자연스러운 곡선으로 연결하여 뒤샅을 완성한다.

### (4) 안솔기의 제도

**38** 점 28~30의 이등분점

**39** 점 38에서 1.2~1.5cm 들어간 지점

**28~39~30** 자연스러운 곡선으로 연결한다.

### (5) 옆솔기의 제도

**40** 점 36에서 0.5cm 들어간 지점

**40~34~31** 자연스러운 곡선으로 연결한다.

이때 앞옆솔기선(점 19~21)과 동일한 길이를 측정하여 제도한다.

### (6) 허리선의 완성

**41** 점 40과 뒤중심선이 수직으로 교차되는 지점

**42** 점 41에서 1cm 내려온 지점

• 점 42에서 직각으로 2~3cm를 그린 후, 점 40까지 자연스러운 곡선으로 연결한다.

---

**허리선 완성**

W/4+dart(4cm)+ease(0.5cm)

• 첫째 다트: 점 42에서 8.5cm 떨어져 다트량 2cm, 다트길이 8.3cm
• 둘째 다트: 첫째 다트에서 6cm 떨어져 다트량 2cm, 다트길이 8.3cm
• 입술 포켓: 뒤중심선에서 6.5cm 떨어져 1cm(폭)×14cm(길이)

## (7) 허릿단 제도

- 기본 허릿단은 3.5cm 폭으로 허리 사이즈(W/4)에 맞게 제도하며, 여밈분은 3.5cm를 기본으로 한다.
- 벨트고리는 1cm 폭으로 앞중심에서 9~9.5cm, 옆솔기선에서 2.5~3cm, 뒤중심에서 3~3.5cm 위치에 표기한다.

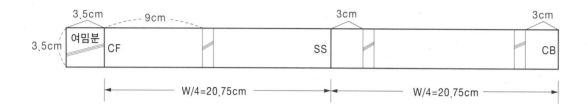

### 실무에서 필요한 허리 완성 사이즈

바지허리의 완성 사이즈가 83cm가 되려면 실제 패턴 사이즈는 84~85cm 정도가 되어야 한다. 왜냐하면 앞길 제도 시 앞중심의 기울기가 1.5cm 정도 기울어져 일자허릿단과 만나게 되면 약간 쌓이는 분량이 발생하기 때문이다. 원단의 두께에 따라 내외경의 차이가 있어 완성 사이즈와 패턴 사이즈를 같게 제도할 경우, 허리 사이즈가 작아지는 오류를 범할 수가 있다. 따라서 원하는 완성 사이즈보다 실제 패턴 사이즈를 1~2cm 크게 제도해야 신체에 잘 맞게 된다.

### 정장바지의 뒤중심 시접

여성복 정장바지와 달리 남성복 정장바지는 뒤중심의 시접을 3~3.5cm 여유를 주어 제작한다. 또한 뒤중심 허릿단까지 절개선을 넣어 시접을 갈라서 허릿단을 제작한다. 20대 후반에 들어서면 복부 팽창으로 인한 허리 사이즈가 커지게 되는 소비자의 특성을 배려한 남성복의 기성복 문화라 할 수 있다.

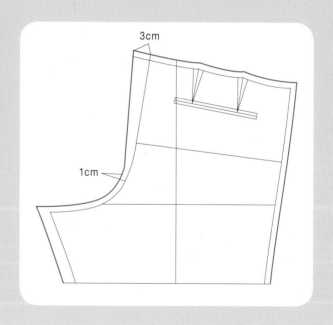

# 클래식 팬츠 뒷길

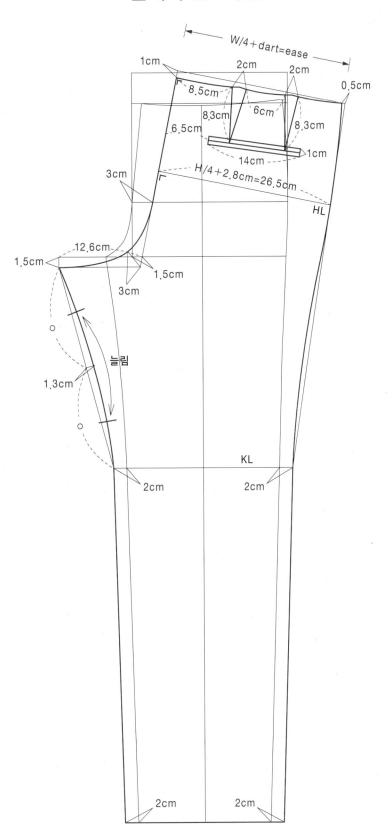

W/4+dart=ease

1cm
2cm
2cm
0.5cm
8.5cm
8.3cm
6cm
8.3cm
6.5cm
1cm
14cm
3cm
H/4+2.8cm=26.5cm
HL
12.6cm
1.5cm
1.5cm
3cm
늘림
1.3cm
KL
2cm
2cm
2cm
2cm

Character Pants

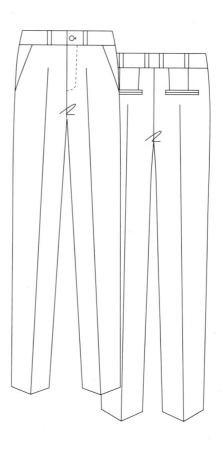

캐릭터 팬츠 Character Pants

## 1) 팬츠 제도에 필요한 치수

| 항목 | 신체치수 | 패턴치수 |
|---|---|---|
| 허리둘레 | 80cm | · |
| 배꼽수준허리둘레 | 82cm | 85cm |
| 엉덩이둘레 | 95cm | 100cm |
| 바지밑단둘레/2 | · | 20cm |
| 밑위길이 | · | H/4+2~3cm=26cm |
| 바지길이 | · | 110cm |
| 무릎길이 | · | 58cm |

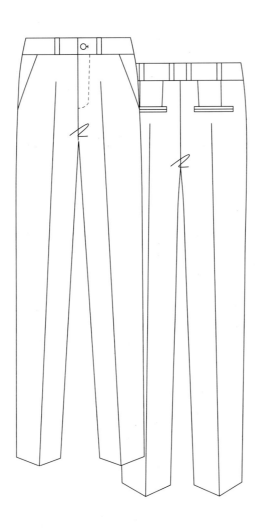

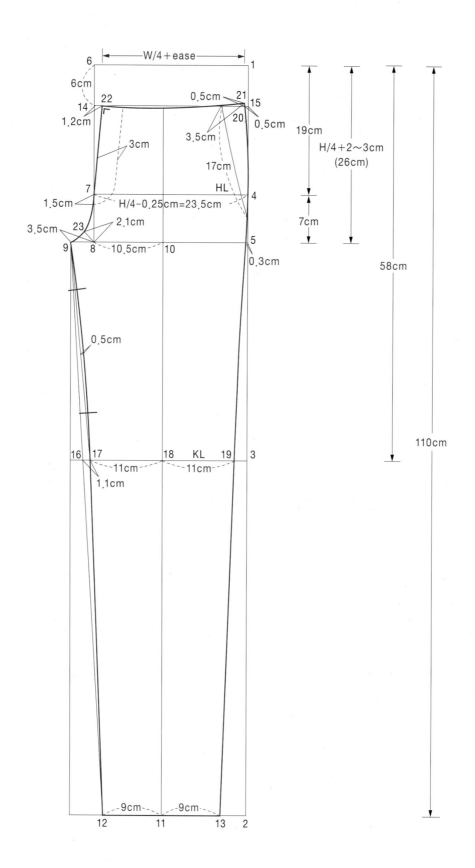

## 2) 캐릭터 팬츠 앞길 제도

**1~2**   바지길이 110cm

**1~3**   무릎길이 58cm

**1~4**   엉덩이길이 19cm

**1~5**   밑위길이 H/4+2~3cm=26cm

**1~6, 4~7, 5~8**   H/4-0.25cm=23.5cm

**8~9**   앞살의 폭은 H/16-2~2.5cm=3.5cm

**8~10**   10.5cm(바지주름 위치)

**11**   점 10에서의 수직선

**12, 13**   밑단둘레/2-2cm=18cm를 점 11을 기준으로 이등분한다.

**14**   점 6에서 6cm 내려온 지점

**15**   점 14에서 수평선으로 연결한 점

**16**   점 9~12를 직선으로 연결하여 만나는 점

**17**   점 16에서 1.1cm 들어간 지점(디자인에 따라 들어가는 양은 변화된다.)

**17~18=18~19**   11cm로 폭을 같게 제도

• 안솔기 점 17~12 직선으로 연결, 점 17~9 곡선으로 연결

• 옆솔기 점 19~13 직선으로 연결, 점 4~19 곡선으로 연결

  (이때 점 5에서 0.2~0.3cm 안으로 들어간 지점에서 곡선으로 연결한다.)

**20**   점 15에서 0.5cm 들어간 지점

• 점 4~20 자연스러운 곡선으로 연결한다.

**21**   점 20에서 0.5cm 연장한 지점

**22**   점 14에서 1.2cm

**22~21**   자연스러운 곡선으로 연결한다.

• 허리선 완성

  W/4+ease(0.5cm)=21.7cm(W=배꼽수준허리둘레이며 패턴치수 85cm)

**23**   점 8에서 2.1cm

**22~7**   직선에 가까운 곡선으로 연결한다.

**7~23~9**   자연스럽게 연결한다.

• 지퍼스티치: 앞중심선에서 3cm 폭, 엉덩이선에서 1.5cm 내린 지점

• 주머니입구: 3~3.5cm 폭×17~18cm 길이

---

**바지밑단둘레 공식**
• 밑단둘레/2: 20cm
• 앞밑단둘레: 밑단둘레/2-2cm=18cm
• 뒤밑단둘레: 밑단둘레/2+2cm=22cm

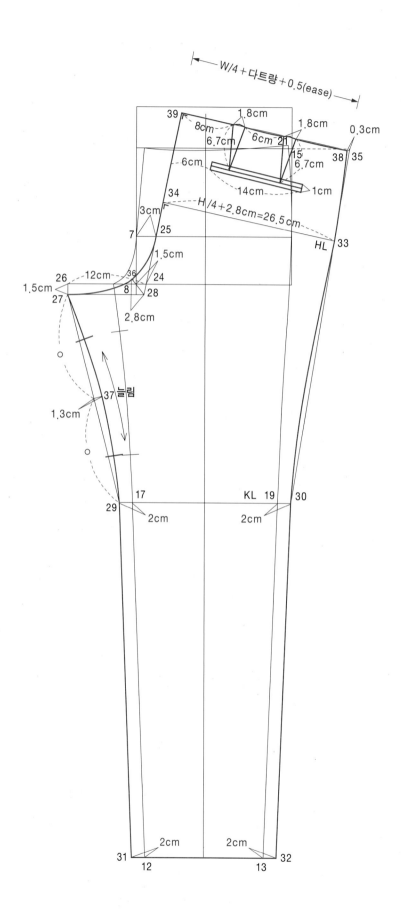

W/4+다트량+0.5(ease)

39
8cm
1.8cm
6.7cm
6cm
21
1.8cm
0.3cm
15
6.7cm
38
35
6cm
14cm
1cm
34
H/4+2.8cm=26.5cm
3cm
7
25
HL
33
1.5cm
12cm
36
24
26
8
28
1.5cm
27
2.8cm
37 늘림
1.3cm
17
KL 19
30
29
2cm
2cm
2cm
2cm
31
12
13
32

## 3) 캐릭터 팬츠 뒷길 제도

■ 앞길 패턴을 그린 후 뒷길 제도를 시작한다.

**24**  점 8에서 1.5cm 들어간 지점

**25**  점 7에서 3cm

• 점 24~25 직선으로 연장하여 그린다.

**26**  점 24에서 H/9+1~2cm=12cm

**27**  점 26에서 1.5cm 수직으로 내려온 지점

**28**  점 27에서 수평선을 그어 점 24와 연장하여 만나는 지점

**17~29, 19~30, 12~31, 13~32**  2cm 폭으로 연결한다.

**33~34**  H/4+2.8cm=26.5cm

**30~33**  직선으로 연결한다.

**35**  점 15의 수평선과 점 30~33의 연장선과의 교차점

**36**  점 28에서 45° 방향으로 2.8cm 나간 지점

**25~36~27**  자연스러운 곡선으로 연결한다.

**37**  점 27~29의 이등분점에서 1.2~1.5cm 들어간 지점

**27~37~29**  자연스러운 곡선으로 연결한다.

**38**  점 35에서 0.3cm 들어간 지점

**38~33~30**  자연스러운 곡선으로 연결한다.

이때 앞옆솔기선(점 19~21)과 동일한 길이를 측정하여 제도한다.

**39**  점 38과 뒤중심선이 수직으로 교차되는 지점

---

**허리선의 완성**

W/4+dart(3.6cm)+ease(0.5cm)
• 첫째 다트: 점 39에서 8cm 떨어져 다트량 1.8cm, 다트길이 6.7cm
• 둘째 다트: 첫째 다트에서 6cm 떨어져 다트량 1.8cm, 다트길이 6.7cm
• 입술 포켓: 뒤중심선에서 6cm 떨어져 1cm(폭)×14cm(길이)

---

## 4) 허릿단 제도

• 기본 허릿단은 3.5cm폭으로 허리 사이즈(W/4)에 맞게 제도하며, 여밈분은 3.5cm를 기본으로 한다.

• 벨트고리는 1cm 폭으로 앞중심에서 9~9.5cm, 옆솔기선에서 2.5~3cm, 뒤중심에서 3~3.5cm 위치에 표기한다.

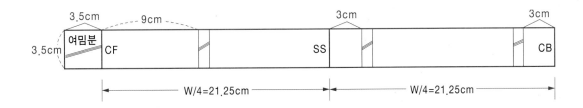

# One-tuck Pants

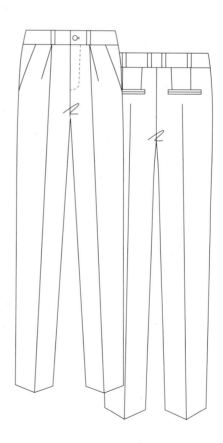

# 04 원턱 팬츠 One-Tuck Pants

## 1) 팬츠 제도에 필요한 치수

| 항목 | 신체치수 | 패턴치수 |
|---|---|---|
| 허리둘레 | 80cm | · |
| 배꼽수준허리둘레 | 82cm | 85cm |
| 엉덩이둘레 | 95cm | 105cm |
| 바지밑단둘레/2 | · | 20cm |
| 밑위길이 | · | H/4+2.5~3.5cm=26.5cm |
| 바지길이 | · | 110cm |
| 무릎길이 | · | 58cm |

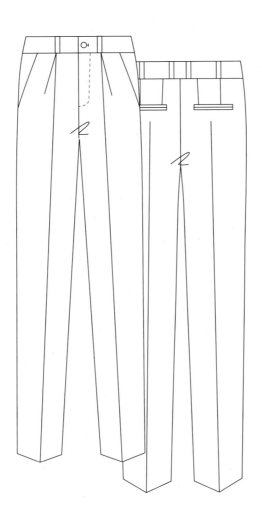

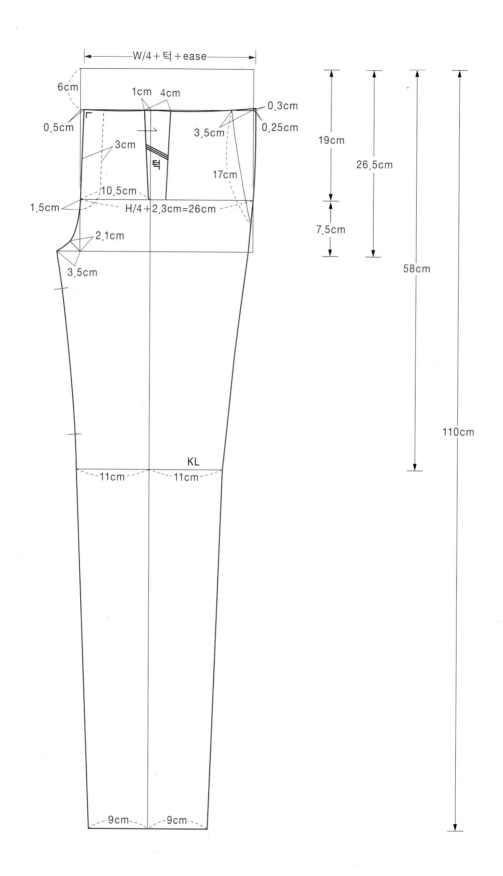

W/4＋턱＋ease

6cm

1cm　4cm

0.3cm

0.5cm

3.5cm

0.25cm

3cm

턱

17cm

10.5cm

1.5cm

H/4＋2.3cm=26cm

2.1cm

3.5cm

19cm

26.5cm

7.5cm

58cm

110cm

KL

11cm　11cm

9cm　9cm

## 2) 원턱 팬츠 앞길 제도

■ 캐릭터 팬츠 원형을 기본으로 하여 변형한다.

1  밑위길이는 캐릭터 팬츠에서 0.5~1cm 내리는 것을 기본으로 한다.

2  허리선에서 내려가는 정도는 6cm를 기본으로 한다.

3  앞엉덩이둘레는 26cm를 기본으로 한다(턱 분량 4cm 포함).

   이때 턱 분량에 따라 엉덩이둘레는 달라질 수 있다.

4  허리선의 완성 W/4+ease(0.5cm)=21.75cm

   (W=배꼽수준허리둘레이며 패턴치수 85cm)

5  앞중심선에서 0.5cm 들어가는 것을 기본으로 한다.

6  앞허리선은 앞엉덩이둘레 26cm에서 0.25cm 나가 0.3cm 올라간다.

7  앞턱 위치는 바지주름선에서 0.6~1cm 나가 4~5cm 턱 분량을 주어 제도한다.

8  주머니입구: 옆솔기선에서 3~3.5cm 나가 17~18cm를 기본으로 한다.

9  지퍼스티치: 앞중심선에서 3cm 폭, 엉덩이선에서 1.5cm 내린 지점

• 원턱 팬츠는 위와 같이 턱 분량을 미리 주어 엉덩이둘레 사이즈를 설정하여 제도하거나 턱이 없는 캐릭터 팬
  츠에서 원하는 위치에 절개선을 넣은 후, 턱 분량 4~5cm를 벌려서 제도하기도 한다.

---

**바지밑단둘레 공식**

• 밑단둘레/2: 20cm
• 앞밑단둘레: 밑단둘레/2-2cm=18cm
• 뒤밑단둘레: 밑단둘레/2+2cm=22cm

---

## 3) 원턱 팬츠 앞길 주머니 제도

1  옆솔기선에서 16cm 들어가 30cm 깊이로 제도한다.

2  주머니입구에서 3cm 떨어져 안단(미까시)을 표기한다.

3  주머니 안쪽에 가로 8cm, 세로 8cm 길이로 안주머니를 그린다.

4  주머니 끝점에서 5cm 떨어져 자연스러운 곡선으로 완성한다.

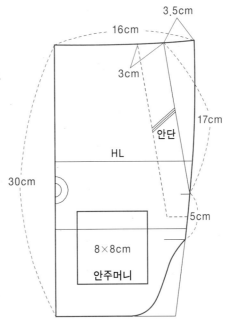

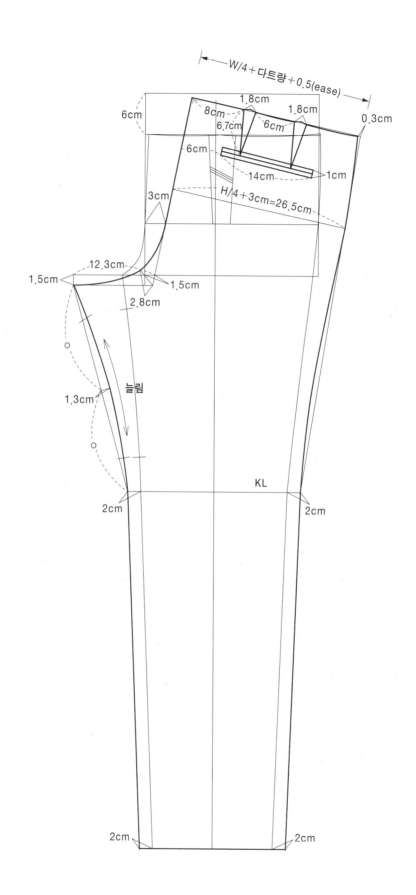

W/4 + 다트량 + 0.5(ease)

6cm

8cm
1.8cm
6.7cm
1.8cm
6cm

0.3cm

6cm

14cm
1cm

3cm

H/4 + 3cm = 26.5cm

12.3cm
1.5cm
1.5cm
1.5cm

2.8cm

늘림

1.3cm

KL

2cm
2cm

2cm
2cm

## 4) 원턱 팬츠 뒷길 제도

■ 앞길 패턴을 그린 후 뒷길 제도를 시작한다.

1  앞중심선에서 1.5cm, 앞중심 엉덩이선에서 3cm 들어가 뒤중심선을 그린다.

2  뒤샅은 H/9+1~3cm=12.3cm(디자인 의도에 따라 달라질 수 있다.)

3  엉덩이둘레는 H/4+3cm=26.5cm

4  무릎둘레와 밑단둘레는 앞길에서 각각 2cm 나간 지점을 직선으로 그린다.

5  무릎선에서 엉덩이선까지 연장하여 직선을 그린 후 0.3cm 들어가 옆솔기선을 자연스러운 곡선으로 완성한다.
    (이때 앞옆솔기선과 동일한 길이를 측정하여 제도한다.)

6  0.3cm 들어간 옆솔기선은 뒤중심선을 기준으로 수직이 되도록 그린다.

---

**허리선의 완성**

W/4+dart(3.6cm)+ease(0.5cm)=21.75cm
- 첫째 다트 : 뒤중심에서 8cm 떨어져 다트량 1.8cm, 다트길이 6.7cm
- 둘째 다트 : 첫째 다트에서 6cm 떨어져 다트량 1.8cm, 다트길이 6.7cm
- 입술포켓 : 뒤중심선에서 6cm 떨어져 1cm(폭)×14cm(길이)

---

## 5) 허릿단 제도

- 기본 허릿단은 3.5cm폭으로 허리 사이즈(W/4)에 맞게 제도하며, 여밈분은 3.5cm를 기본으로 한다.
- 벨트고리는 1cm 폭으로 앞중심에서 9~9.5cm, 옆솔기선에서 2.5~3cm, 뒤중심에서 3~3.5cm 위치에 표기한다.

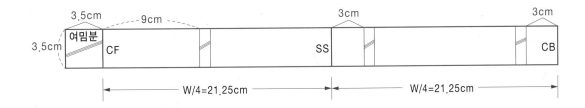

# Skinny Pants

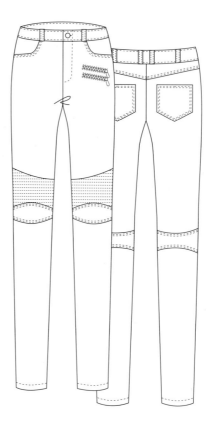

## 05 스키니 팬츠 Skinny Pants

### 1) 팬츠 제도에 필요한 치수

| 항목 | 신체치수 | 패턴치수 |
|---|---|---|
| 허리둘레 | 80cm | · |
| 배꼽수준허리둘레 | 82cm | 82cm |
| 엉덩이둘레 | 95cm | 95cm |
| 바지밑단둘레/2 | · | 15.5cm |
| 밑위길이 | · | H/4+2~3cm=26cm |
| 바지길이 | · | 110cm |
| 무릎길이 | · | 58cm |

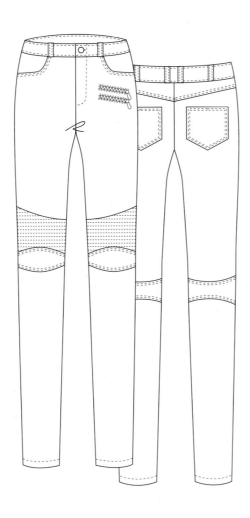

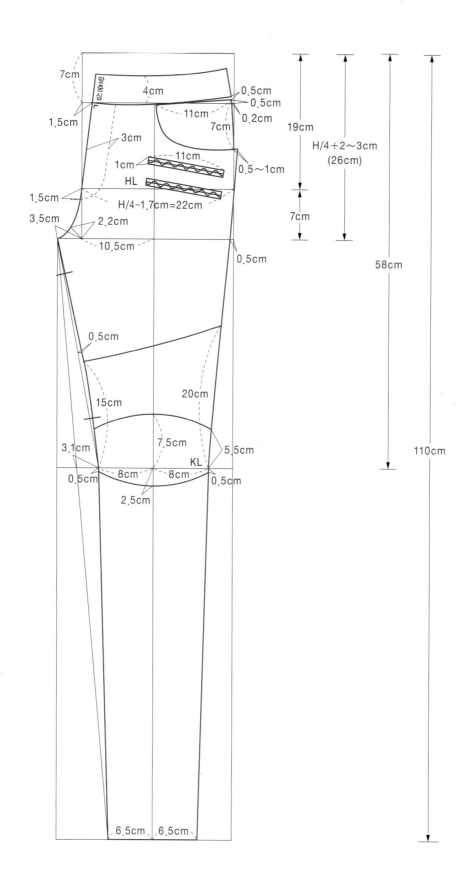

7cm

앞중심

4cm

0.5cm
0.5cm
0.2cm

1.5cm

11cm

7cm

19cm

H/4+2〜3cm
(26cm)

3cm

1cm

11cm

0.5〜1cm

HL

1.5cm

H/4-1.7cm=22cm

7cm

3.5cm

2.2cm

10.5cm

0.5cm

58cm

0.5cm

0.5cm

20cm

15cm

7.5cm

3.1cm

5.5cm

KL

110cm

0.5cm

8cm

8cm

0.5cm

2.5cm

6.5cm

6.5cm

## 2) 스키니 팬츠 앞길 제도

**1** 바지길이는 110cm로 한다.

**2** 무릎길이는 58cm로 한다.

**3** 엉덩이길이는 19cm로 한다.

**4** 밑위길이는 H/4+2~3cm=26cm로 한다.

**5** 엉덩이둘레는 H/4-1.7cm=22cm로 한다.

**6** 앞샅폭은 H/16-2~3cm=3.5cm로 한다.

**7** 제 허리선에서 7cm 내려와 몸판의 허리선 위치를 정한다.

**8** 바지주름 위치는 10.5cm로 한다.

**9** 앞중심선에서 1.5~1.8cm, 옆솔기선에서 0.2cm 들어간 후 위로 0.5cm 올려 허리선을 그린다.

**10** 몸판 허리선 완성=20.2cm

**11** 앞무릎둘레는 바지주름 위치를 중심으로 각각 8cm로 한다.

**12** 앞밑단둘레는 바지주름 위치를 중심으로 각각 6.5cm로 한다.

---

**바지밑단둘레 공식**
- 밑단둘레/2: 15.5cm
- 앞밑단둘레: 밑단둘레/2-2.5cm=13cm
- 뒤밑단둘레: 밑단둘레/2+2.5cm=18cm

---

**13** 지퍼스티치: 앞중심선에서 3cm 폭, 엉덩이선에서 1.5cm 내린 지점

**14** 주머니입구: 11cm×7cm(입구 여유는 0.5~1cm)

**15** 지퍼주머니: 1cm×11cm

**16** 무릎 위치의 절개선과 디테일은 디자인에 따라 달라진다.

---

**TIP**

### 앞허릿단의 완성

몸판 허리선을 이용하여 옆솔기선에서 0.5cm 떨어져 4cm 폭으로 허릿단을 완성한다. 몸판의 앞중심선이 식선이므로 허릿단 앞중심도 식선이 되도록 연장하여 그린다. 또한 안어밈분은 3.5cm를 기본으로 한다.

　스키니 팬츠는 스트레치 원단을 사용하는 것이 일반적이므로 허릿단과 몸판 봉제 시 몸판에 오그림분(ease)을 넣지 않는 것이 바람직하다. 따라서 소재의 선택에 따라 오그림분을 달리해야 하므로, 소재의 특성을 파악하는 것이 중요하다.

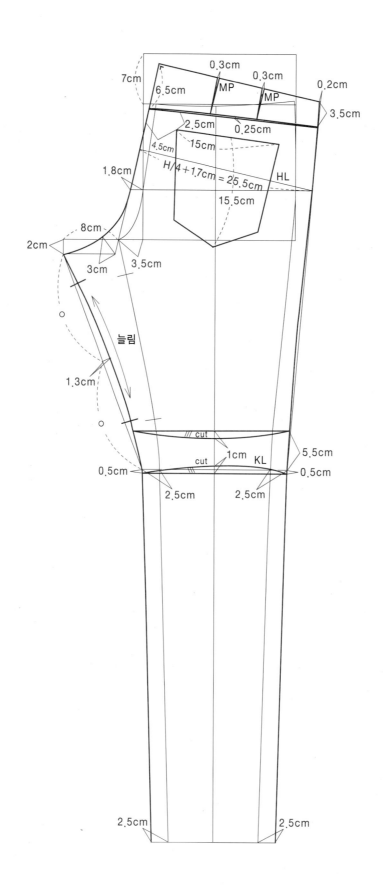

## 3) 스키니 팬츠 뒷길 제도

■ 앞길 패턴을 그린 후 뒷길 제도를 시작한다.

**1** 앞엉덩이선에서 1.8cm, 앞중심 밑위선에서 3.5cm 나가 뒤중심선을 그린다.

**2** 뒤엉덩이둘레는 H/4+1.7cm=25.5cm로 한다.

**3** 뒤샅은 앞샅의 끝점에서 8cm 나가 2cm 내려간다.

---

**뒤허리선 완성**

옆솔기선에서 0.2cm 들어가 자연스러운 곡선으로 그린 후, 뒤중심선과 수직으로 교차되는 지점을 그린다. 뒤중심선은 펼쳤을 때 직각이 되도록 한다. 0.3cm씩 2개 다트로 나누어 MP시켜 뒤허리선의 완성 사이즈는 23cm가 되도록 한다.

---

**4** 뒤요크선은 뒤중심에서 6.5cm, 옆솔기선에서 3.5cm를 자연스러운 곡선으로 완성한다.

**5** 뒤아웃포켓은 뒤중심선에서 4.5cm, 뒤요크선에서 2.5cm 떨어져 위치하며, 15cm×15.5cm로 제도한다.
(아웃포켓 크기는 디자인에 따라 달라진다.)

**6** 뒤무릎둘레는 앞무릎둘레에서 2.5cm 나간 지점

**7** 뒤밑단둘레는 앞밑단둘레에서 2.5cm 나간 지점

**8** 뒤무릎 위치의 절개선은 디자인에 따라 달라진다.

**9** 뒤무릎절개선에서 1cm씩 잘라 흘러내리는 현상을 방지한다.

---

**TIP**

## 뒤허릿단의 완성

뒤허릿단은 앞허릿단을 이용하여 뒤허리선 길이를 정하여 4cm 폭으로 제도한다. 앞허릿단과 뒤허릿단 옆솔기를 붙여 하나의 허릿단으로 완성한다. 이때 뒤중심은 골선이 된다. 일자허릿단이 아닌 휜 허릿단을 제도할 경우 허릿단/2 윗둘레와 밑둘레 차이를 1.5~2.5cm 정도 두는 것이 일반적이다. 결과적으로 허릿단 윗둘레와 밑둘레의 차이는 3~5cm가 된다.

남성의 허릿단은 일자허릿단을 기본으로 하여 제도하지만 허리선이 많이 내려올 경우에는 일자허릿단으로 제도하게 되면 허릿단이 들뜨는 현상이 발생한다. 따라서 인체에 맞는 입체적인 실루엣을 형성하기 위해 허릿단 밑둘레보다 윗둘레를 작게 제도한다. 하지만 일자허릿단보다 생산성이 떨어지는 단점이 있어 휜 허릿단을 기피하는 경향이 있다.

단추의 위치는 앞중심에서 단추의 끝이 0.6~1cm 떨어져 21mm 단춧구멍을 그려 마무리한다. 벨트고리는 1cm 폭으로 앞중심에서 9~9.5cm, 옆솔기선에서 2.5~3cm, 뒤중심에 표기한다.

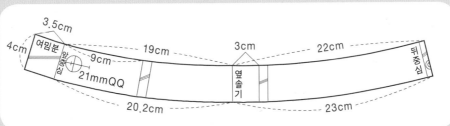

TIP

## 스키니 팬츠와 진 팬츠에 사용하는 셀비지 원단

스키니 팬츠는 여유 없이 몸에 달라붙으며 타이트한 실루엣이 특징이다. 편안함을 요구하는 트렌드에 따라 스트레치 소재를 사용하고 있으며, 진 팬츠에도 기능적인 편안함을 위하여 스트레치 소재를 사용하는 것이 일반화되었다. 따라서 스키니 팬츠와 진 팬츠의 제도법은 거의 동일하다고 볼 수 있다. 일반 팬츠와 달리 앞중심선과 뒤중심선의 경사 각도를 더 기울여 제도하고 뒤샅의 길이를 짧게 하여 넙다리(허벅지)둘레를 작게 하여 실루엣을 강조하는 것이 특징이라 할 수 있다. 다만 소재와 브랜드의 콘셉트와 타깃에 따라 약간의 변화가 있을 뿐이다.

하지만 진 팬츠의 경우 셀비지(selvedge) 원단을 사용하게 되면 제도법이 달라진다. 셀비지는 원단의 가장자리 부분이 올이 풀리지 않도록 가공한 방식을 말하며, 그 어원은 'self-edge'로, 원단의 끝 부분을 자체적으로 마감한다는 의미이다.

셀비지 원단은 구식 방직기를 사용하여 고전적인 방식으로 짜며, 현대적 방식보다 더 뻣뻣하고 생지의 느낌이 강하다. 또한 튼튼한 짜임이 장점이다. 가장자리를 마감하면서 멋스러운 컬러 스티치를 더하는 것이 셀비지 원단의 특징이기 때문에 안쪽의 스티치가 보이도록 밑단을 롤업하여 입는 것이 일반적이다. 또한 앞중심의 여밈은 지퍼의 여밈보다는 QQ(단춧구멍)의 버튼플라이를 사용하고 있다. 리바이스 511과 501, A.P.C(아페쎄), 유니클로 등의 브랜드에서 트렌드를 감안한 여러 가지 셀비지 데님이 생산되고 있다. 셀비지 데님은 자체적으로 마감된 가장자리 부분을 옆솔기(와끼)에 사용해야 하기 때문에 패턴을 제작할 경우, 옆솔기선을 직선으로 제도해야 한다. 옆솔기선을 직선으로 제도하는 것은 실루엣을 좋게 하기 위한 것이 아니라 셀비지 원단의 특성을 살리기 위한 하나의 방법이라는 것을 기억하기 바란다.

셀비지 데님 가장자리

완성된 셀비지 데님

# 패턴의 원리 」

## 스키니 팬츠의 제도 시 주의할 점

트렌드의 변화에 따라 20~30대 젊은 층은 엉덩이둘레와 넙다리(허벅지)둘레, 밑단둘레가 여유가 많은 팬츠보다 몸에 맞는 실루엣을 선호하는 경향이 일반화되었다. 특히 팬츠 컬러에서도 초록색, 빨간색, 파란색, 민트색, 흰색 등 본인의 개성을 더욱 드러내고자 하는 욕구 또한 강해지고 있다. 따라서 정장 팬츠와 스키니 팬츠의 차이점을 정확히 이해하고 제도하는 것이 실루엣을 결정짓는 중요한 요소로 자리 잡았다.

스키니 팬츠는 정장 팬츠에 비해 허릿단의 위치가 낮은 것이 특징이며 소재의 신축성에 따라 엉덩이둘레와 밑위길이를 짧게 제도해야 한다. 특히 넙다리(허벅지)둘레는 실루엣을 결정하는 중요한 부분이므로 우리나라 20대 남성의 평균 허벅지둘레 56.3cm, 30대 남성의 평균 허벅지둘레 56.7cm의 사이즈 개념을 가지고 제도해야 한다.

허벅지둘레를 작게 제도하려면 뒤샅의 길이가 작게 제도되어야 하며, 뒤샅의 길이를 작게 제도하게 되면 밑위길이가 짧아지게 된다. 짧아진 밑위길이를 길게 제도하기 위해서는 뒤중심 각도가 정장바지보다 더 기울어지도록 제도해야 한다. 또한 바지 밑단둘레 제도 시 우리나라 20대 남성의 평균 발목둘레 22.3cm에 근거하여 제도할 경우 소재에 따라 입고 벗는 것이 불편해질 수도 있다. 따라서 바지 밑단둘레 제도 시 우리나라 20대 남성의 평균 장딴지(종아리)둘레 38.2cm와 30대 남성의 평균 장딴지둘레 38.3cm의 사이즈를 고려하여 제도해야 입고 벗는데 편하게 된다. 밑단둘레를 35cm 이하로 제도할 경우 신축성 있는 소재를 선택하는 것이 불편함을 최소화하는 방법이다.

# 04
# 상의 기본 원형

# **04** 상의 기본 원형

## 01 상의 기본 원형의 이해

지금까지 남성복 제도는 상의와 하의 개념, 즉 재킷, 코트, 셔츠, 베스트 등의 상의와 바지의 하의로 나누어 제도되었다. 특히 상의는 여성복과 다르게 기본 원형의 제도 없이 재킷 또는 셔츠 원형으로 제도화되어 응용하는 것이 일반적이었다. 하지만 이 책에서는 패턴을 쉽게 이해하고 제도하기 위하여 상의 기본 원형을 제시했다.

기본 원형은 두 가지 형태로 나뉘며, 앞가슴이 여며 있지 않은 디자인과 앞가슴이 오픈되지 않고 단추 또는 지퍼로 막혀 있는 디자인으로 구분하여 제시했다.

오픈형 원형은 앞가슴이 여며 있지 않은 모든 재킷, 코트, 베스트 등을 제도할 때 사용되며, 여밈형 원형은 앞가슴이 오픈되지 않은 사파리 재킷, 차이나 칼라 재킷, 라이더 재킷, 트렌치코트, 더플코트, 점퍼, 셔츠 등을 제도할 때 사용된다. 오픈형 원형 또는 여밈형 원형 중 무엇을 사용하든 정답은 없지만 디자인 의도에 따라 어느 원형을 선택하여 제도할지, 그리고 그 차이가 무엇인지를 분명히 파악하고 제도해야 한다.

## 02 시추니 원형의 제도

### 1) 시추니 원형 제도에 필요한 용어 및 약어

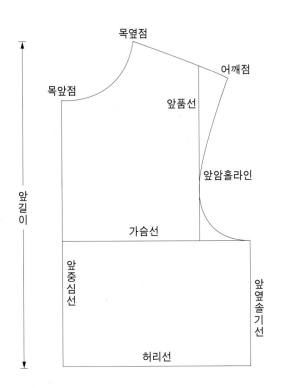
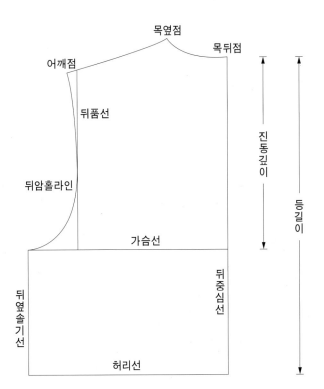

| 표준 용어 | 영어 | 약어 |
|---|---|---|
| 허리선 | waist line | WL |
| 가슴선 | bust line | BL |
| 엉덩이선 | hip line | HL |
| 옆솔기 | side seam | SS |
| 앞중심 | center front | CF |
| 뒤중심 | center back | CB |

CHAPTER 04 상의 기본 원형 91

## 2) 시추니 원형 제도에 필요한 치수

| 항목 | 신체치수 | 패턴치수 |
|---|---|---|
| 어깨너비 | 44cm | 45cm |
| 가슴둘레 | 96cm | 108cm |
| 허리둘레 | 82cm | 93cm |
| 등길이 | 44cm | 43cm |
| 뒤품/2 | 20.5cm | 21cm |
| 앞품/2 | 18.5cm | 19cm |

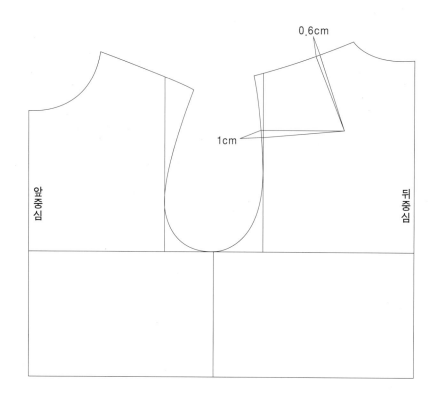

## 3) 시추니 원형(오픈형)의 뒷길 제도

### (1) 시추니 원형의 뒷길 기초선 제도

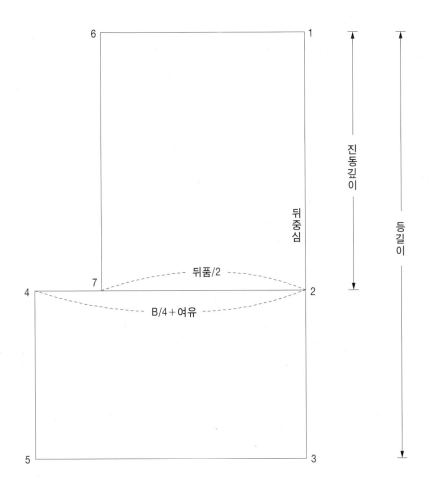

**1~2** 진동깊이는 B/4+1~3cm=26cm를 기본으로 한다.

**1~3** 등길이는 43cm을 기본으로 한다.

> 20대 남성의 평균 등길이는 43.8cm이며, 30대 남성의 평균 등길이는 44.4cm이다. 하지만 트렌드의 변화에 따라 패턴 제작 시, 허리 포인트 위치를 올려 제도하는 경우가 일반적이다. 따라서 등길이의 포인트를 미리 올려 43cm를 기본으로 제도했다.

- 점 1, 2, 3의 직각선의 연장선을 그린다.

**4** 점 2에서 상동/4+여유(28cm를 기본으로 한다.)로 나간 지점

**5** 점 3에서 상동/4+여유(28cm를 기본으로 한다.)로 나간 지점

**6** 점 1에서 뒤품/2(21cm를 기본으로 한다.)로 나간 지점

**7** 점 3에서 뒤품/2(21cm를 기본으로 한다.)로 나간 지점

## 남성복 아이템별 진동깊이의 변화

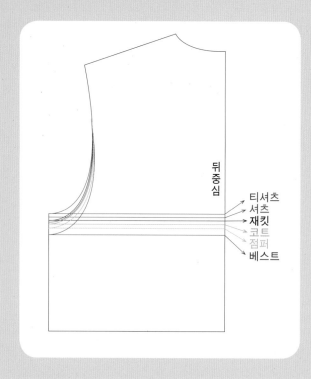

| 구분 | 사이즈 |
|---|---|
| 기본 원형 | 26cm |
| 티셔츠(t-shirt) | 24~25cm |
| 셔츠(shirt) | 25~25.5cm |
| 재킷(jacket) | 25.5~26cm |
| 코트(coat) | 26~27cm |
| 점퍼(jumper) | 26~28cm |
| 베스트(vest) | 28~29cm |

※ 사이즈에 따른 진동깊이의 편차는 0.6cm를 기본으로 한다.

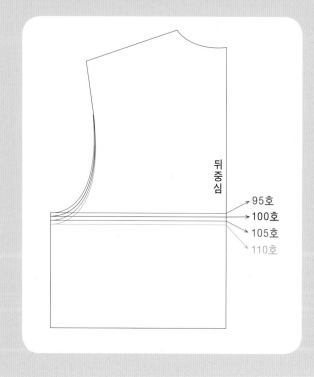

| 구분 | 사이즈 |
|---|---|
| 95호 | 25.4cm |
| 100호 | 26cm |
| 105호 | 26.6cm |
| 110호 | 27.2cm |

## (2) 뒤네크너비와 어깨경사의 제도

① 뒤네크너비

**8**  점 1에서 B/12+0.6cm 나간 지점(8.5cm를 기본으로 한다.)

**9**  점 8에서 2.5cm 올라간 지점

② 어깨경사

**10**  점 1에서 22cm 나간 지점

**11**  점 10에서 2cm 내려간 지점

• 점 9와 11을 직선으로 연결한다.

**12**  어깨/2=22.5cm 되도록 0.5cm 연장한다.

• 점 9와 12의 이등분점에서 0.25cm 내려 자연스러운 곡선으로 완성한다.

## (3) 뒤암홀라인의 제도

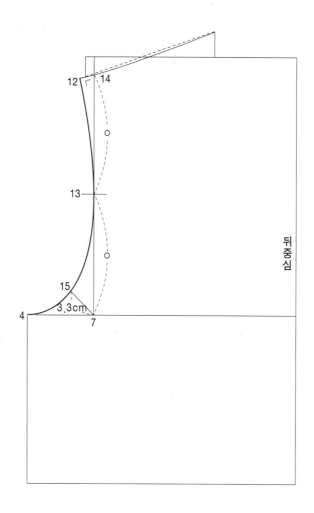

**13**  점 14와 점 7의 이등분점

**15**  점 7에서 45° 방향으로 3.3cm 나가는 것을 기본으로 한다.

**12~13~15~4**  그림과 같이 자연스럽게 연결한다.

## ⑷ 뒤네크라인과 견갑골의 제도

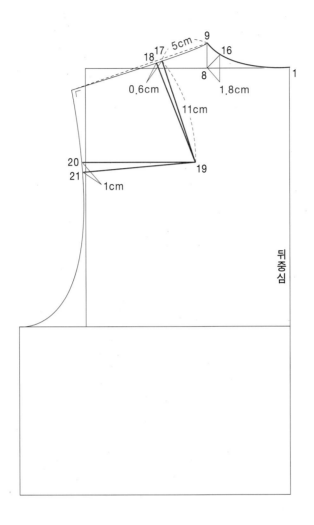

**16**   점 8에서 45° 방향으로 1.8cm 나간 지점

**1~16~9**   그림과 같이 자연스러운 곡선으로 제도한다.

**17**   점 9에서 5cm 나간 지점

**18**   점 17에서 0.6cm 나간 지점

**19**   점 17에서 직각선으로 11cm 연장한 지점

**20**   점 19에서 수평선으로 암홀라인까지의 연장선

**21**   점 20에서 1cm 내려온 지점

## 견갑골의 입체화

등에는 목옆점에서 5cm 떨어져 11cm 내려온 지점에 견갑골이 위치하고 있어 1.6cm 분량의 다트량이 필요하다. 이러한 견갑골의 분량은 클래식 셔츠에서는 요크 절개선을 이용하여 암홀에서 1~1.3cm 잘라 견갑골의 입체화를 시키고 있다.

그럼에도 불구하고 암홀은 흐르고 여유가 있으며 편안함을 추구하는 남성복 트렌드에서는 더 많은 견갑골 분량을 요구하지 않는 것이 일반적이다. 하지만 클래식 정장의 뒷길에는 절개나 다트를 생략한 디자인이 대부분이다. 이러한 경우 어깨 쪽으로 0.6cm 오그림분(ease)을 넣어 주고, 뒤중심 등 부분에 0.5cm 정도 오그려 밀어 넣는다. 암홀에서는 소재의 특성과 체형에 따라 1~1.3cm 정도의 홈줄임을 하여 오그림분을 넣어 준다. 이때 강한 스팀으로 소재가 수축될 수 있게 하고 오그려진 부분이 보일 때까지 다림질하여 자리 잡는다.

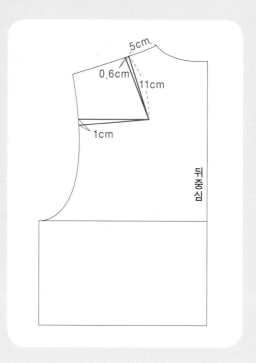

그러나 대량 생산의 특성상 이러한 작업이 생략되는 경우가 많으므로 결국 입체적이지 못하고 편안함을 추구하는 실루엣이 될 수밖에 없다. 따라서 대부분의 기성복 정장에서는 사진과 같이 뒤암홀 부분이 흐르고 남는 현상이 발생하게 된다.

하지만 흐르는 현상을 조금이라도 없애려면 뒤 사이바라인에서 암홀 쪽으로 0.3~0.6cm를 MP시켜 흐르는 현상을 어느 정도 방지할 수 있다.

너무 많은 분량을 MP시키면 진동두께가 좁아져 활동하기 불편하다.

## 4) 시추니 원형(오픈형)의 앞길 제도

### (1) 시추니 원형의 앞길 기초선 제도

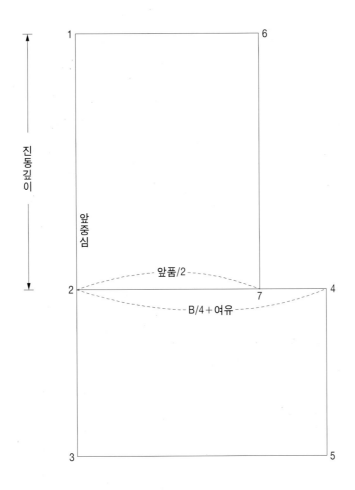

**1~2** 뒤진동깊이(B/4+1~3cm)와 동일하게 26cm로 제도한다.

**1~3** 뒤등길이와 동일하게 43cm를 기본으로 한다.

• 점 1, 2, 3의 직각선의 연장선을 그린다.

**4**  점 2에서 B/4 +여유(26cm를 기본으로 한다.)로 나간 지점

**5**  점 3에서 B/4 +여유(26cm를 기본으로 한다.)로 나간 지점

**6**  점 1에서 앞품/2(19cm를 기본으로 한다.)로 나간 지점

**7**  점 2에서 앞품/2(19cm를 기본으로 한다.)로 나간 지점

## (2) 앞네크너비와 어깨경사의 제도

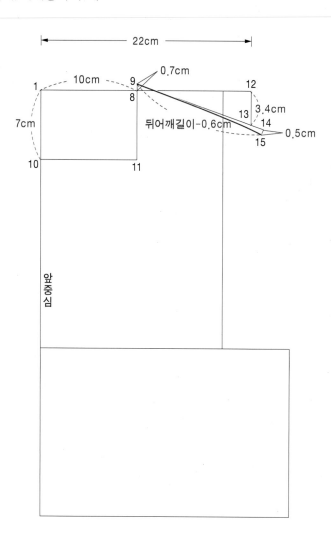

### ① 앞네크너비

**8**  뒤네크너비(8.5cm)+1.5cm=10cm를 기본으로 한다.

**9**  점 8에서 0.7cm 올라간 지점

**10**  점 1에서 7cm 내려온 지점

**11**  점 9와 점 10의 직각의 교차점


### ② 어깨경사

**12**  점 1에서 22cm 나간 지점

**13**  점 12에서 3.4cm 내려간 지점

**9~13**  직선으로 연결

**14**  점 9에서 13을 연장하여(뒤어깨길이-0.6cm)로 지정한 지점

**15**  점 14에서 0.5cm 내려간 지점

• 점 9에서 점 14의 이등분점에서 자연스러운 곡선으로 완성한다.

## (3) 앞네크라인과 앞암홀라인의 완성

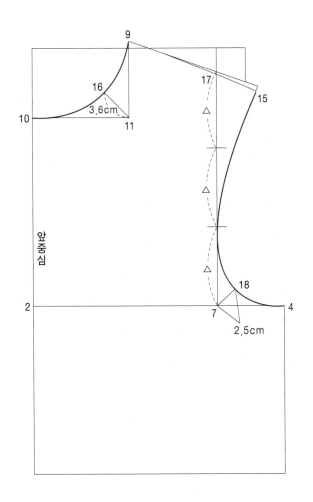

### ① 앞네크라인

**16**  점 11에서 45° 방향으로 3.6cm 나간 지점

**10~16~9**  그림과 같이 자연스럽게 연결한다.


### ② 앞암홀라인

• 점 7에서 17까지 3등분한다.

**18**  점 7에서 45° 방향으로 2.5cm 나간 지점

**15~18~4**  그림과 같이 자연스럽게 연결한다.

# 시추니 원형(오픈형)

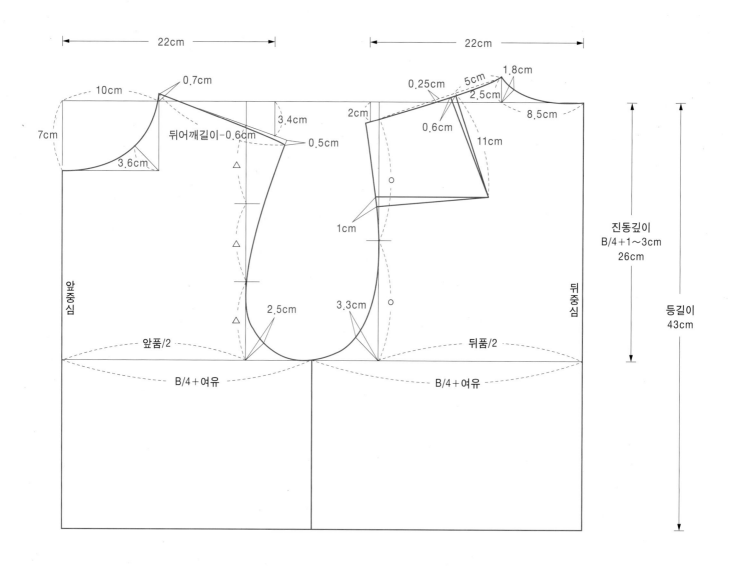

22cm

22cm

10cm

0.7cm

7cm

뒤어깨길이-0.6cm

3.6cm

3.4cm

0.5cm

0.25cm

5cm

1.8cm

2cm

2.5cm

0.6cm

8.5cm

11cm

1cm

앞중심

앞품/2

2.5cm

3.3cm

뒤품/2

뒤중심

B/4+여유

B/4+여유

진동깊이
B/4+1~3cm
26cm

등길이
43cm

## 5) 시추니 원형(여밈형)의 뒷길 제도

### (1) 시추니 원형의 뒷길 기초선 제도

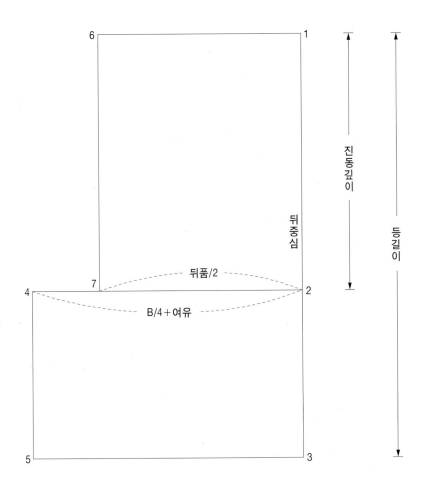

**1~2**  진동깊이는 B/4+1~3cm=26cm를 기본으로 한다.

**1~3**  등길이는 43cm을 기본으로 한다.

> 20대 남성의 평균 등길이는 43.8cm이며, 30대 남성의 평균 등길이는 44.4cm이다. 하지만 트렌드의 변화에 따라 패턴 제작 시, 허리 포인트 위치를 올려 제도하는 경우가 일반적이다. 따라서 등길이의 포인트를 미리 올려 43cm를 기본으로 제도했다.

- 점 1, 2, 3의 직각선의 연장선을 그린다.
**4**  점 2에서 상동/4+여유(28cm를 기본으로 한다.)로 나간 지점
**5**  점 3에서 상동/4+여유(28cm를 기본으로 한다.)로 나간 지점
**6**  점 1에서 뒤품/2(21cm를 기본으로 한다.)로 나간 지점
**7**  점 3에서 뒤품/2(21cm를 기본으로 한다.)로 나간 지점

## (2) 뒤네크너비와 어깨경사의 제도

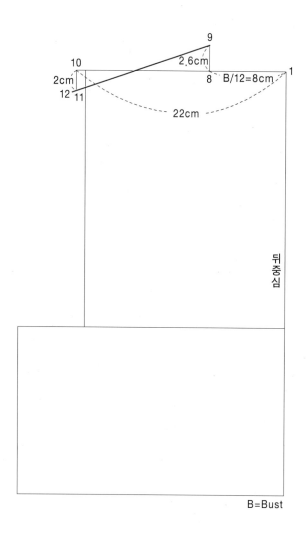

B=Bust

### ① 뒤네크너비

**8** 점 1에서 B/12 나간 지점(8cm를 기본으로 한다.)

**9** 점 8에서 2.6cm 올라간 지점


### ② 어깨경사

**10** 점 1에서 22cm 나간 지점

**11** 점 10에서 2cm 내려간 지점

• 점 9와 11을 직선으로 연결한다.

**12** 어깨/2=22.5cm 되도록 0.5cm 연장한다.

## (3) 뒤암홀라인의 제도

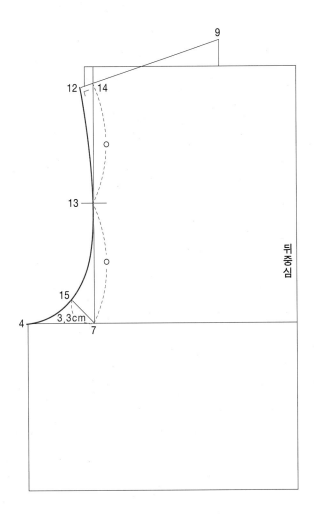

**13** 점 14와 점 7의 이등분점

**15** 점 7에서 45° 방향으로 3.3cm 나가는 것을 기본으로 한다.

**12~13~15~4** 그림과 같이 자연스럽게 연결한다.

## (4) 뒤네크라인과 견갑골의 제도

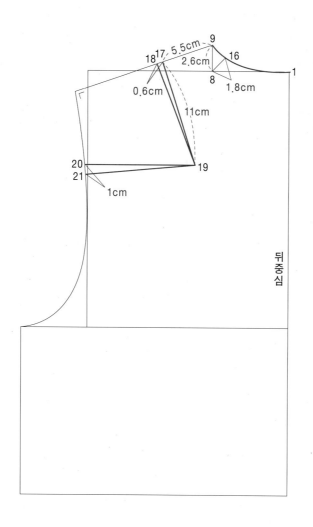

**16**   점 8에서 45° 방향으로 1.8cm 나간 지점

**1~16~9**   그림과 같이 자연스러운 곡선으로 제도한다.

**17**   점 9에서 5.5cm 나간 지점

**18**   점 17에서 0.6cm 나간 지점

**19**   점 17에서 직각선으로 11cm 연장한 지점

**20**   점 19에서 수평선으로 암홀라인까지의 연장선

**21**   점 20에서 1cm 내려온 지점

## 6) 시추니 원형(여밈형)의 앞길 제도

### (1) 시추니 원형의 앞길 기초선 제도

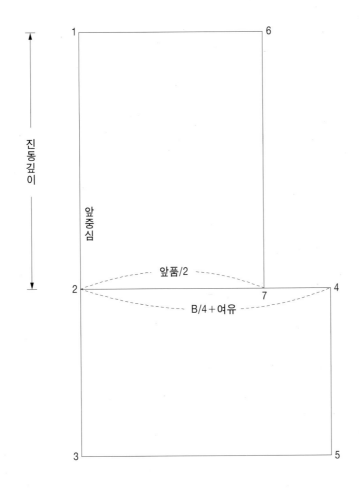

**1~2**  뒤진동깊이(B/4+1~3cm)와 동일하게 26cm로 제도한다.

**1~3**  등길이와 동일하게 43cm를 기본으로 한다.

• 점 1, 2, 3의 직각선의 연장선을 그린다.

**4**  점 2에서 B/4 +여유(26cm를 기본으로 한다.)로 나간 지점

**5**  점 3에서 B/4 +여유(26cm를 기본으로 한다.)로 나간 지점

**6**  점 1에서 앞품/2(19cm를 기본으로 한다.)로 나간 지점

**7**  점 2에서 앞품/2(19cm를 기본으로 한다.)로 나간 지점

## (2) 앞네크너비와 어깨경사의 제도

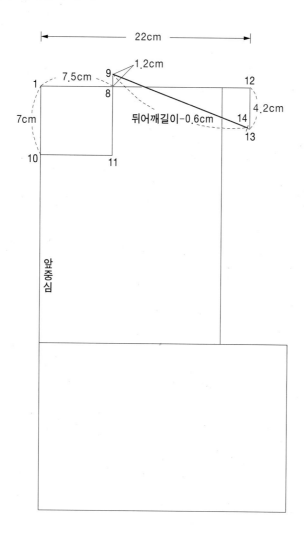

### ① 앞네크너비

**8**  점 1에서 7.5cm 나간 지점을 기본으로 한다.

**9**  점 8에서 1.2cm 올라간 지점

**10**  점 1에서 7cm 내려온 지점

**11**  점 9와 점 10의 직각의 교차점


### ② 어깨경사

**12**  점 1에서 22cm 나간 지점

**13**  점 12에서 4.2cm 내려간 지점

**9~13**  직선으로 연결한다.

**14**  점 9에서 뒤 어깨 길이-0.6cm 지점

## (3) 앞네크라인과 앞암홀라인의 완성

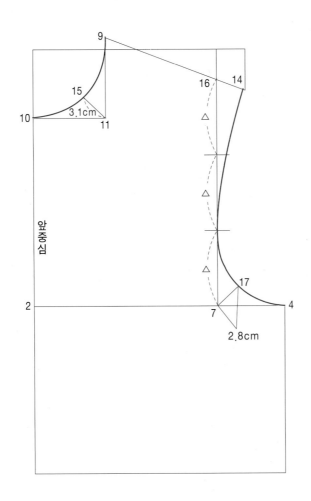

① 앞네크라인

**15**  점 11에서 45° 방향으로 3.1cm 나간 지점

**10~15~9**  그림과 같이 자연스럽게 연결한다.

② 앞암홀라인

· 점 7에서 16까지 3등분한다.

**17**  점 7에서 45° 방향으로 2.8cm 나간 지점

**14~17~4**  그림과 같이 자연스럽게 연결한다.

# 시추니 원형(여밈형)

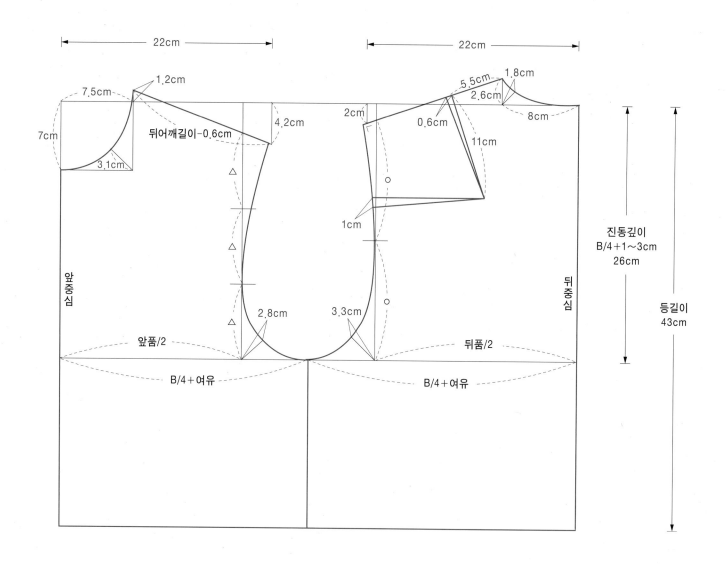

# 디자이너가 알아야 할
## 패턴의 원리

## 시추니 원형의 오픈형과 여밈형

시추니 원형의 오픈형과 여밈형은 크게 다르지 않으며 앞네크너비와 뒤네크너비의 차이로 나누어진다.

앞네크가 뜨지 않는 경우(여밈형)

앞네크가 뜨는 경우(오픈형)

예를 들어 셔츠를 제도할 때 오픈형 원형을 사용하게 되면 뒤네크너비보다 앞네크너비가 크게 제도되기 때문에 앞네크가 들뜨는 현상이 나타나게 된다. 특히 사파리재킷과 라이더 재킷을 제도할 때 오픈형 원형을 사용하게 될 경우 뒤네크너비보다 앞네크너비가 크게 제도되어 단추나 지퍼로 앞네크까지 채워서 입게 되면 반드시 앞네크가 들뜨는 현상이 나타나게 된다. 물론 오픈해서 입을 경우 문제가 되지 않겠지만 채워서 입을 경우 반드시 들뜨는 현상이 나타나므로 이때는 여밈형 원형을 선택하는 것이 바람직하다.

앞뒤 네크너비의 차이는 고정되는 것이 아니며, 여밈형을 사용하더라도 앞네크너비와 뒤네크너비를 동일하게 변형하여 사용하거나 소재와 디자인의 특성, 착용 방법에 따라 얼마든지 변화를 줄 수 있다는 것을 기억하기 바란다.

오픈형과 여밈형의 차이 이제 아시겠죠?

CHAPTER

# 05

# 셔츠

# 01 클래식 셔츠의 이해

## 1) 클래식 셔츠 각 부분 명칭

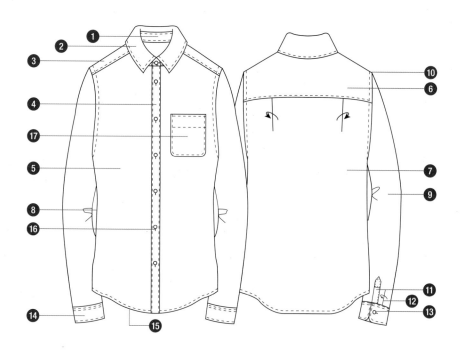

| 번호 | 명칭 | 영어 | 현장 용어 |
|------|------|------|-----------|
| 1 | 네크밴드 | neck band | 칼라밴드 |
| 2 | 셔츠칼라 | shirt collar | 셔츠칼라 |
| 3 | 어깨선 | shoulder line | 가다선 |
| 4 | 플래킷 | placket | 단작 |
| 5 | 앞길 | front panel | 앞판 |
| 6 | 뒤요크 | back yoke | 뒤요크 |
| 7 | 뒷길 | back panel | 뒤판 |
| 8 | 옆솔기 | side seam | 와끼 |
| 9 | 소매 | sleeve | 소매 |
| 10 | 소매산 | sleeve top | 소매산 |
| 11 | 소매덧단 | sleeve plackets | 견보루 |
| 12 | 소매밑단턱 | sleeve tuck | 소매턱 |
| 13 | 소매단추 | sleeve button | 소매단추 |
| 14 | 커프스 | cuffs | 소매밑단 |
| 15 | 밑단 | shirt tail | 밑단 |
| 16 | 일자단춧구멍 | botton hole | 나나인치 |
| 17 | 주머니 | pocket | 주머니 |

## 2) 클래식 셔츠 제품 치수 재는 부위 및 방법

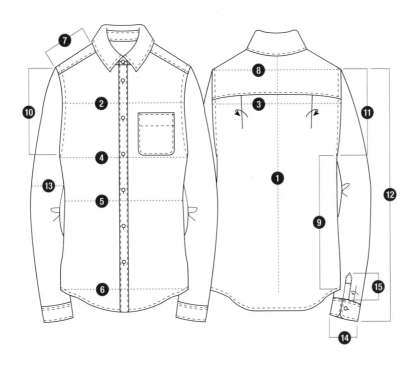

| 번호 | 항목 | 측정 방법 |
|---|---|---|
| 1 | 셔츠길이 | 목뒤점에서 셔츠밑단까지의 길이를 잰다. |
| 2 | 앞품 | 앞길 진동깊이의 중간 지점을 수평으로 잰다. |
| 3 | 뒤품 | 뒷길 진동깊이의 중간 지점을 수평으로 잰다. |
| 4 | 가슴둘레 | 양 겨드랑점 밑에서 수평으로 잰 뒤 2배 한다. |
| 5 | 허리둘레 | 허리 위치의 가장 들어간 위치에서 수평으로 잰 뒤 2배 한다. |
| 6 | 밑단둘레 | 셔츠밑단의 둘레를 수평으로 잰 뒤 2배 한다. |
| 7 | 어깨길이 | 어깨솔기의 길이를 잰다. |
| 8 | 어깨가쪽점사이길이 (어깨너비) | 어깨가쪽점에서 목뒤점을 지나 어깨가쪽점 사이의 길이를 잰다. |
| 9 | 옆솔기길이 | 겨드랑점에서 밑단까지의 길이를 잰다. |
| 10 | 앞암홀둘레 | 앞암홀둘레의 길이를 잰다. |
| 11 | 뒤암홀둘레 | 뒤암홀둘레의 길이를 잰다. |
| 12 | 소매길이 | 소매산에서 소매밑단까지의 길이를 잰다. |
| 13 | 소매통둘레 | 겨드랑점에서 소매 중심까지 수직으로 잰 뒤 2배 한다. |
| 14 | 소맷부리둘레 | 소맷부리둘레를 수평으로 잰 뒤 2배 한다. |
| 15 | 소매트임길이 | 소매 트임 길이를 잰다. |

## 3) 클래식 셔츠 제도에 필요한 용어 및 약어

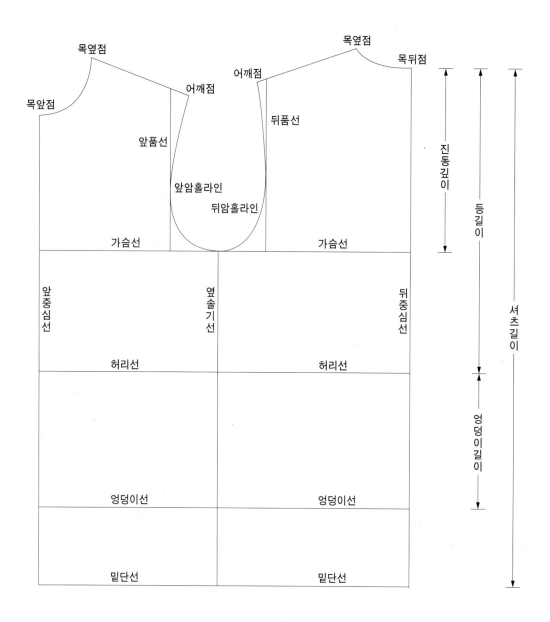

| 표준 용어 | 영어 | 약어 |
|---|---|---|
| 가슴선 | bust line | BL |
| 허리선 | waist line | WL |
| 엉덩이선 | hip line | HL |
| 옆솔기 | side seam | SS |
| 앞중심 | center front | CF |
| 뒤중심 | center back | CB |

Classic Shirt

# 02 클래식 셔츠 CLASSIC SHIRT

## 1) 셔츠 제도에 필요한 치수

| 항목 | 신체치수 | 패턴치수 |
|---|---|---|
| 어깨너비 | 44cm | 46cm |
| 가슴둘레 | 96cm | 108cm |
| 허리둘레 | 82cm | 102cm |
| 엉덩이둘레 | 95cm | 106cm |
| 셔츠길이 | . | 73cm |
| 등길이 | 44cm | 43cm |
| 진동깊이 | 19.6cm | 26cm |
| 소매길이 | 59cm | 64cm |
| 팔꿈치길이 | 33.8cm | 34cm |
| 소매통둘레 | 30.2cm | 40cm |
| 소맷부리 | 16.5cm | 22cm |
| 뒤품/2 | 20.5cm | 21.3cm |
| 앞품/2 | 18.5cm | 19.3cm |

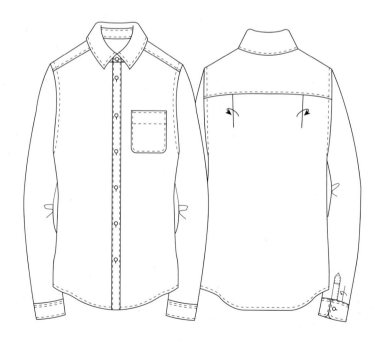

# 클래식 셔츠

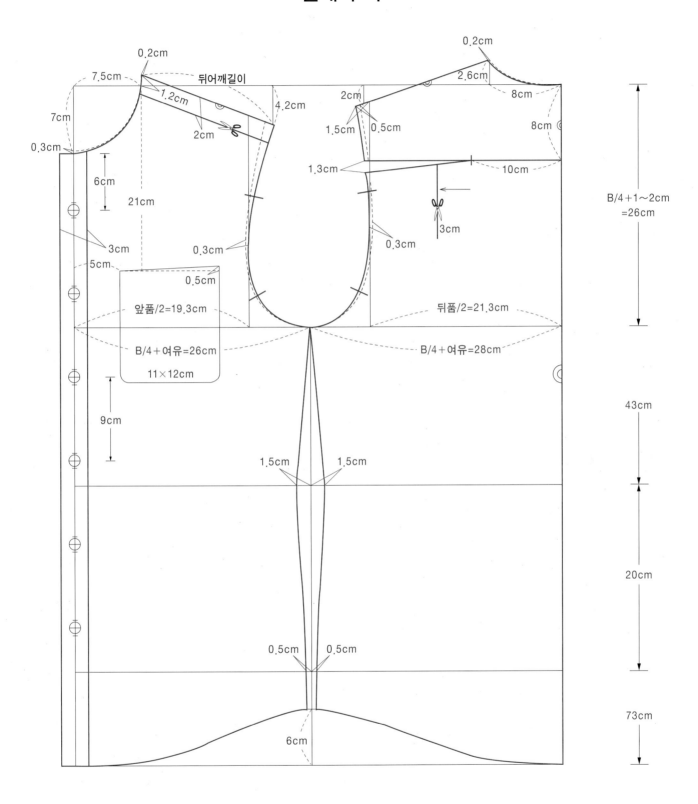

0.2cm

7.5cm  뒤어깨길이  0.2cm

7cm  1.2cm  4.2cm  2.6cm  8cm

0.3cm  2cm  2cm  1.5cm  0.5cm  8cm

6cm  1.3cm  10cm

21cm  3cm  0.3cm  0.3cm  3cm

B/4+1~2cm
=26cm

3cm  0.3cm

5cm  0.5cm

앞품/2=19.3cm  뒤품/2=21.3cm

B/4+여유=26cm  B/4+여유=28cm

11×12cm

43cm

9cm

1.5cm  1.5cm

20cm

0.5cm  0.5cm

73cm

6cm

## 2) 클래식 셔츠 뒷길 제도

■ 시추니 원형(여밈형)을 이용하여 제도한다.

**1** 진동깊이는 B/4+1∼2cm=26cm로 한다.

**2** 등길이는 43cm로 한다.

**3** 엉덩이길이는 20cm로 한다.

> 평균 등길이 44cm에서 1cm 올려 제도했으므로 엉덩이길이를 20cm로 제도한다.

**4** 셔츠길이는 73cm로 한다.

**5** 목옆점에서 0.2cm 들어간다.

**6** 기본 뒤품에서 0.3cm 키우고 어깨점에서 0.5cm 연장하여 암홀라인을 그린다.

**7** 허리선에서 1.5∼2cm, 엉덩이선에서 0.5cm 떨어져 옆솔기선을 완성한다.

**8** 목뒤점에서 8cm 내려와 요크선을 그리고 암홀에서 1∼1.5cm를 잘라 입체화시킨다.

**9** 뒤요크선에서 원하는 위치에 절개선을 넣어 턱 분량 3cm를 벌려 준다.

**10** 옆솔기 밑단에서 6cm 떨어져 자연스러운 곡선으로 밑단을 완성한다.

> 뒤품/2과 앞품/2의 편차는 2cm 차이를 두는 것이 기본으로 한다. 다만 디자인과 콘셉트에 따라 뒤품을 키워 활동 분량을 더 주고 앞품을 줄여 실루엣을 강조하기 위해 2.5∼3cm까지 차이를 주어 제도하기도 한다.

## 3) 클래식 셔츠 앞길 제도

■ 시추니 원형(여밈형)을 이용하여 제도한다.

**1** 목옆점에서 0.2cm 들어간다.

**2** 목앞점에서 0.3cm 내려 네크라인을 그린다.

**3** 기본 앞품에서 0.3cm 키우고 어깨점에서 0.5cm 연장하여 암홀라인을 그린다.

**4** 어깨선에서 2∼2.5cm 절개하여 뒤 어깨선이 골선이 되도록 한다.

**5** 앞 덧단은 3∼3.5cm 폭을 기본으로 한다.

**6** 단추의 시작은 목앞점에서 6cm 떨어져 9cm 간격을 유지한다.

**7** 앞중심선에서 5cm, 목옆점에서 21cm 떨어져 주머니 크기 가로 11cm, 세로 12cm를 그린다.

**8** 허리선에서 1.5∼2cm, 엉덩이선에서 0.5cm 떨어져 옆솔기선을 완성한다.

**9** 옆솔기 밑단에서 6cm 떨어져 자연스러운 곡선으로 밑단을 완성한다.

> 어깨너비는 뒤품선에서 1∼1.5cm 나가는 것을 기본으로 한다. 반대로 어깨너비 사이즈만 있을 경우 어깨끝점에서 1∼1.5cm 들어가 뒤품 위치를 정할 수 있다.

### 셔츠의 진동깊이

남성의 활동성을 감안하여 편안함을 추구하는 경향에 따라 셔츠의 진동깊이는 재킷보다 더 깊게 제도하는 것이 일반화되었다. 하지만 점점 슬림화되는 정장 재킷의 경우 진동깊이와 암홀둘레도 작아지고 있는 것이 현실이다. 셔츠는 재킷 안에 입는 것이므로 진동깊이가 재킷보다 위로 올라가야 안에서 남는 현상 없이 좋은 실루엣을 만들 수 있다.

　　실루엣을 강조하는 여성복의 경우 재킷 안에 입는 블라우스, 원피스 등은 이미 재킷의 진동깊이보다 0.5~1cm 작게 제도되어 만들어지고 있다. 이제는 남성복도 실루엣을 강조하는 트렌드에 따라 셔츠의 진동깊이가 재킷의 진동깊이보다 0.5~1cm 작아져야 되지 않을까 한다. 또한 진동깊이가 깊고 진동두께가 좁아지는 것보다 진동깊이가 짧고 진동두께가 넓어질수록 활동하기 편하다는 것을 기억해야 한다.

## 4) 클래식 셔츠 소매 제도

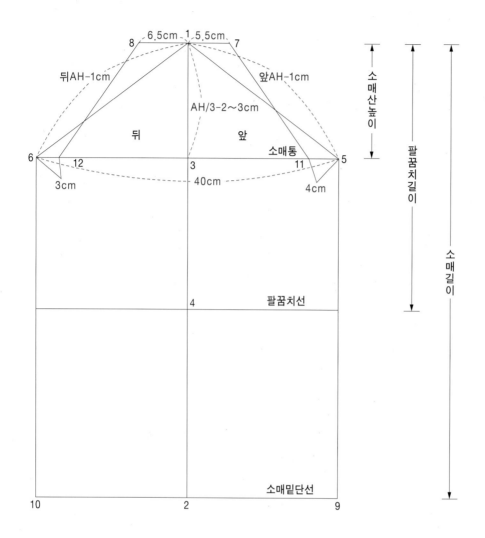

1∼2   소매길이(64cm)−커프스 폭(6cm)=58cm

1∼3   소매산높이 앞뒤AH/3−2∼3cm(유동)=14.6cm

1∼4   팔꿈치길이 34cm

1∼5   앞암홀길이−1cm(유동)

1∼6   뒤암홀길이−1cm(유동)

7   점 1에서 5.5cm 나간 지점

8   점 1에서 6.5cm 나간 지점

5∼6   소매통둘레 40cm

9∼10   점 5와 점 6의 수직선과 점 2의 수평선의 교차점

11   점 5에서 4cm 들어간 지점

12   점 6에서 3cm 들어간 지점

7∼11, 8∼12   직선으로 연결한다.

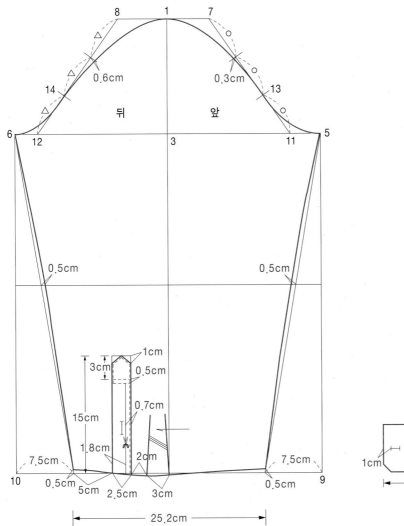

**5~13** 셔츠 앞길을 이용하여 제도한다.

**1~13** 그림과 같이 3등분한 지점에서 0.3cm 들어가 자연스럽게 연결한다.

**6~14** 셔츠 뒷길을 이용하여 제도한다.

**1~14** 그림과 같이 3등분한 지점에서 0.6cm 들어가 자연스럽게 연결한다.

- 24cm(커프스길이) 3cm(턱 분량) 1.8cm(여밈 분량)=25.2cm
- 점 9와 점 10에서 7.5cm 들어가고 0.5cm 올라가 자연스러운 곡선을 그린다.
- 점 5와 점 6에서 소맷부리까지 직선을 그은 후, 팔꿈치선에서 0.5cm 들어가 자연스러운 곡선으로 완성한다.
- 소매덧단 15cm(길이)×2.5cm(폭)
- 커프스 24cm(길이)×6cm(폭)
- 커프스 일자단춧구멍(나나인치)은 완성선에서 1cm 떨어져 단춧구멍 위치를 그린다.

## 소매덧단에 따른 커프스길이의 변화

셔츠 소매덧단(견보루)에 따른 커프스를 제도할 경우, 먼저 20대 남성의 평균 손목둘레 16.5cm, 30대 남성의 평균 손목둘레 16.9cm에 근거하여 손목둘레 평균을 17cm로 잡을 경우, 여유분 5cm와 커프스 여밈분 2cm를 더하여 커프스길이 24cm를 정한다.

커프스길이와 폭을 정한 뒤, 커프스길이(24cm)+원하는 턱 분량(3cm)을 정한 후 소매덧단 2.5cm 폭에서 여미는 분량(1.8cm)을 빼면 원하는 소맷부리가 된다. 즉, 커프스길이(24cm)+턱 분량(3cm)−여밈 분량(1.8cm)=25.2cm, 소매덧단(견보루) 2.5cm 폭에서 1.8cm 위치한 곳을 가위로 절개하여 안쪽은 0.8~1cm 폭 해리로 봉제한다. 나머지 0.7cm는 시접으로 생각하고 소매덧단과 봉제하여 완성한다.

커프스길이는 24cm로 제도했지만 커프스단추를 채웠을 때 실제 완성 사이즈는 22cm가 된다. 다만 커프스 여유량을 더 작게 착용할 경우 첫 번째 단추에서 2~2.5cm 떨어진 자리에 또 하나의 단추를 달아 준다.

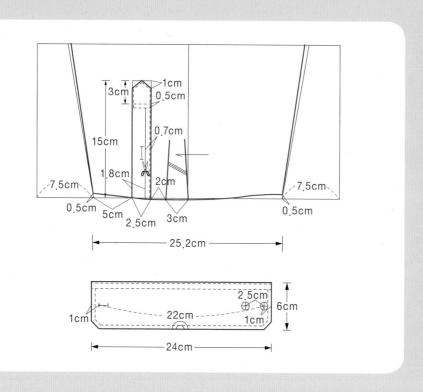

# 클래식 셔츠 소매

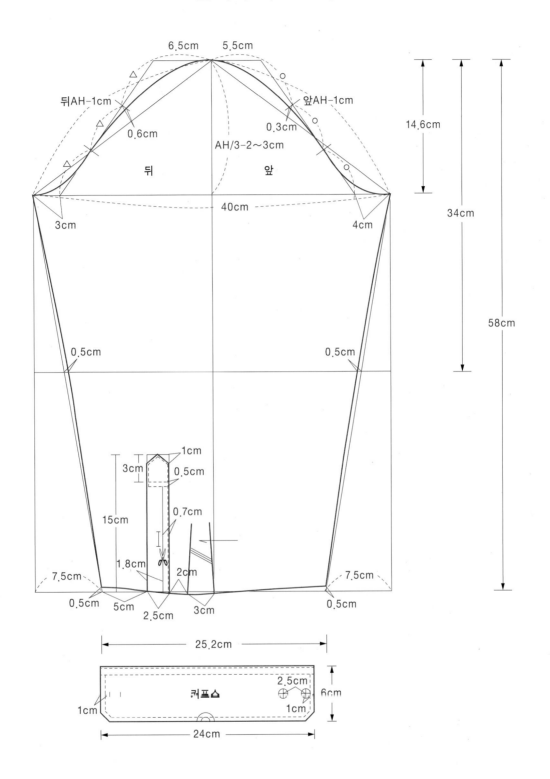

## 5) 클래식 셔츠칼라와 칼라밴드

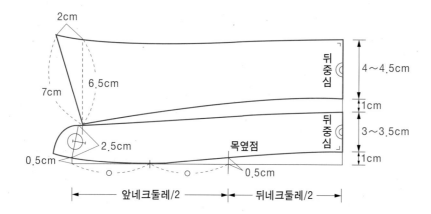

1 앞뒤 네크둘레/2의 거리를 측정하여 제도한다.

2 목뒤점에서 1cm, 목옆점과 목앞점에서 0.5cm 떨어져 자연스러운 곡선을 그린다.

3 칼라밴드 높이와 칼라 높이의 차이를 1cm로 한다.

  ex) 칼라밴드 높이가 3cm일 경우 칼라 높이는 4cm이고, 칼라밴드 높이가 3.5cm일 경우 칼라 높이는
  4.5cm

4 칼라 달림 끝위치에서 수직으로 6.5cm 올려 1.5~2cm 나가 칼라를 완성한다.

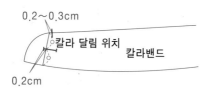

5 앞중심선에서 0.2cm 나가 원하는 단추 크기만큼 제도한다.

6 앞중심선에서 0.2~0.3cm 들어가 칼라 달림 위치를 정한다.

---

칼라를 완성한 후, 착용할 때 칼라가 겹치는 것을 방지하기 위해 0.2~0.3cm 들어가 칼라 달림 위치를 정한다.

## 셔츠칼라 목둘레 여유분의 적당한 크기

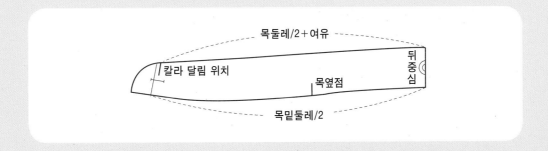

신체에 적합한 목둘레의 여유분을 정하기 전에 먼저 우리나라 남성의 평균 목둘레와 목밑둘레를 인지하고
제도해야 한다. 20대 남성의 평균 목둘레는 36.9cm, 목밑둘레는 43.1cm이며 30대 남성의 평균 목둘레는
37.6cm, 목밑둘레는 43.3cm이다. 따라서 셔츠칼라를 제도할 때, 목밑둘레는 43~43.5cm라는 것을 인식
하고 제도해야 하며 목둘레의 여유는 1~3cm까지 여유를 두는 것이 일반적이다.

정장 안에 입는 클래식 셔츠의 경우 입는 사람의 성향에 따라 목둘레의 여유분을 다르게 주긴 하지만 캐
주얼보다는 맞는 듯한 느낌을 주기 위해 1~2cm의 여유를 두며, 캐주얼 셔츠의 경우 편안함을 강조하여
2~3cm의 여유를 주고 제도하는 것이 바람직하다.

| 구분 | 20대 남성 평균 | 30대 남성 평균 |
|---|---|---|
| 목둘레 | 36.9cm | 37.6cm |
| 목둘레+여유(1~3cm) | 38~40cm | 38.6~40.6cm |

Character Slim Shirt

**03** 캐릭터 슬림 셔츠 CHARACTER SLIM SHIRT

## 1) 셔츠 제도에 필요한 치수

| 항목 | 신체치수 | 패턴치수 |
|---|---|---|
| 어깨너비 | 44cm | 45cm |
| 가슴둘레 | 96cm | 103cm |
| 허리둘레 | 82cm | 92.2cm |
| 엉덩이둘레 | 95cm | 100cm |
| 셔츠길이 | . | 73cm |
| 등길이 | 44cm | 43cm |
| 진동깊이 | 19.6cm | 25.5cm |
| 소매길이 | 59cm | 64cm |
| 팔꿈치길이 | 33.8cm | 34cm |
| 소매통둘레 | 30.2cm | 38cm |
| 소맷부리 | 16.5cm | 22cm |
| 뒤품/2 | 20.5cm | 21cm |
| 앞품/2 | 18.5cm | 19cm |

# 캐릭터 슬림 셔츠

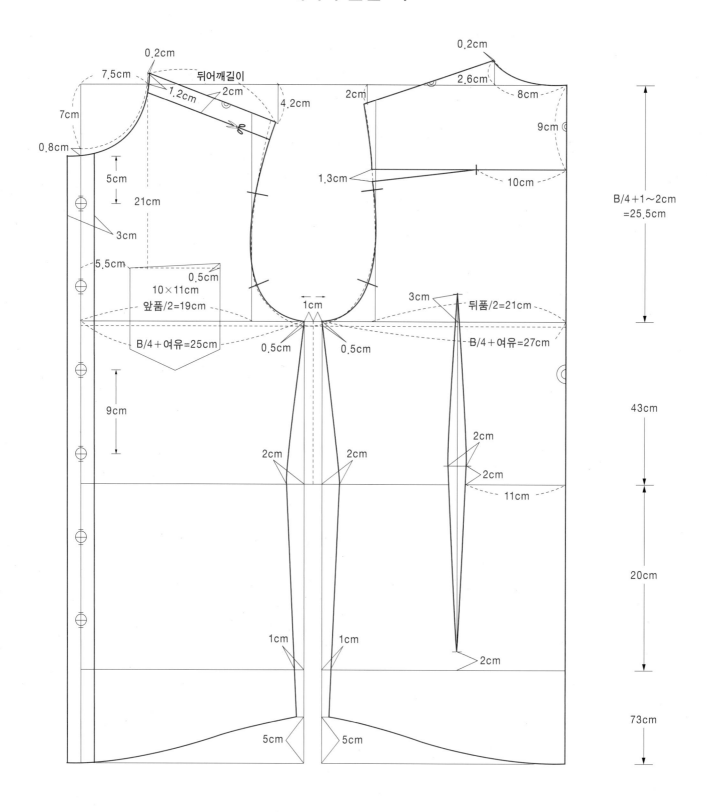

## 2) 캐릭터 슬림 셔츠 뒷길 제도

■ 시추니 원형(여밈형)을 이용하여 제도한다.

1  진동깊이 B/4+1~2cm=25.5cm(원형에서 0.5cm 올려 준다.)

2  옆솔기선에서 1cm 줄여 제도한다(B/4+여유=27cm).

3  등길이는 43cm로 한다.

4  엉덩이길이는 20cm로 한다.

---

평균 등길이 44cm에서 1cm 올려 제도했으므로 엉덩이길이를 20cm로 제도한다.

---

5  셔츠길이는 73cm로 한다.

6  목옆점에서 0.2cm 들어간다.

7  허리선에서 2cm(normal fit), 2.5~3cm(slim fit) 들어간다.

8  엉덩이선에서 1cm 들어가 옆솔기선을 완성한다.

9  뒤중심 허리선에서 11cm 떨어져 2cm 다트를 그린다.

10  목뒤점에서 9cm 내려와 요크선을 그리고 암홀에서 1~1.5cm를 잘라 입체화시킨다.

11  옆솔기 밑단에서 5~6cm 떨어져 자연스러운 곡선으로 밑단을 완성한다.


## 3) 캐릭터 슬림 셔츠 앞길 제도

■ 시추니 원형(여밈형)을 이용하여 제도한다.

1  진동깊이 B/4+1~2cm=25.5cm(원형에서 0.5cm 올려 준다.)

2  옆솔기 선에서 1cm 줄여 제도한다(B/4+여유=25cm).

3  목옆점에서 0.2cm 들어간다.

4  목앞점에서 0.5~1cm 내려 네크라인을 그린다(클래식 셔츠보다 0.5~1cm 내려 제도한다.).

5  어깨선에서 2~2.5cm 절개하여 뒤어깨선이 골선이 되도록 한다.

6  앞덧단은 3~3.5cm 폭을 기본으로 한다.

7  단추의 시작은 목앞점에서 5cm 떨어져 9cm 간격을 유지한다.

8  앞중심선에서 5.5cm 떨어져 주머니 크기 가로 10cm, 세로 11cm를 그린다.

9  허리선에서 2cm(normal fit), 2.5~3cm(slim fit) 들어간다.

10  엉덩이선에서 1cm 들어가 옆솔기선을 완성한다.

11  옆솔기 밑단에서 5~6cm 떨어져 자연스러운 곡선으로 밑단을 완성한다.

# 캐릭터 슬림 셔츠 소매

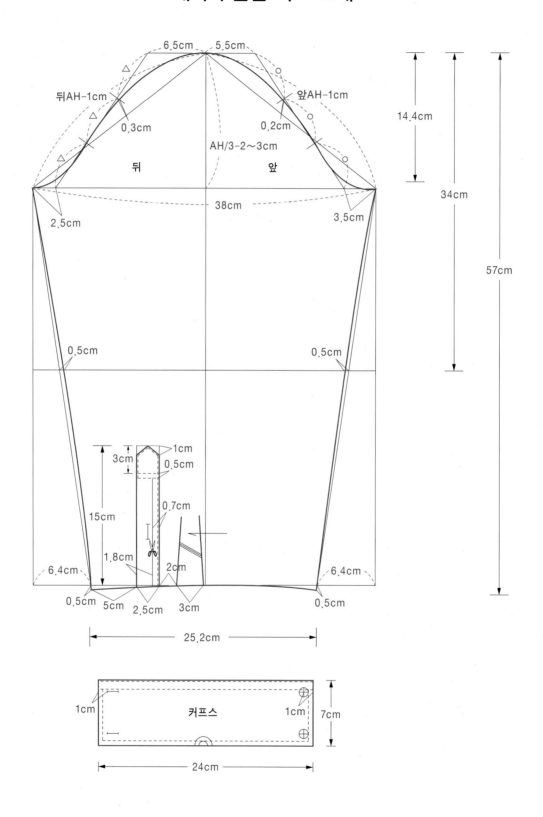

## 4) 캐릭터 슬림 셔츠 소매 제도

■ 클래식 셔츠와 동일한 방법으로 제도한다.

1 소매길이 64cm(커프스 7cm 포함)

2 팔꿈치길이 34cm

3 소매통둘레 38cm

4 소매산높이 앞뒤AH/3-2～3cm(유동)=14.4cm

5 24cm(커프스길이)+3cm(턱 분량)-1.8cm(트임 겹침 분량)=25.2cm

　(클래식 셔츠 소매덧단에 따른 커프스길이의 변화는 124쪽 참조)

6 소매덧단 15cm(길이)×2.5cm(폭)

7 커프스 24cm(길이)×7cm(폭)

8 커프스 일자단춧구멍(나나인치)은 완성선에서 1cm 떨어져 단춧구멍 위치를 그린다.


## 5) 칼라와 칼라밴드

■ 클래식 셔츠와 동일한 방법으로 제도한다.

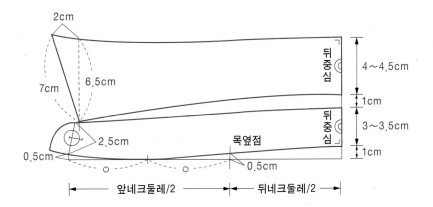

1 앞뒤 네크둘레/2의 거리를 측정하여 제도한다.

2 목뒤점에서 1cm, 목옆점과 목앞점에서 0.5cm 떨어져 자연스러운 곡선을 그린다.

3 칼라밴드 높이와 칼라 높이의 차이를 1cm로 한다.

　ex) 칼라밴드 높이가 3cm일 경우 칼라 높이는 4cm이고, 칼라밴드 높이가 3.5cm일 경우 칼라 높이는
　4.5cm

4 칼라 달림 끝위치에서 수직으로 6.5cm 올려 1.5～2cm 나가 칼라를 완성한다.

## 04 · 셔츠칼라의 종류와 제도

### 1) 레귤러칼라

레귤러칼라(regular collar)는 기본적으로 가장 많이 입는 셔츠칼라의 형태로 깃의 길이와 벌어진 각도가 가장
일반적인 디자인이다.

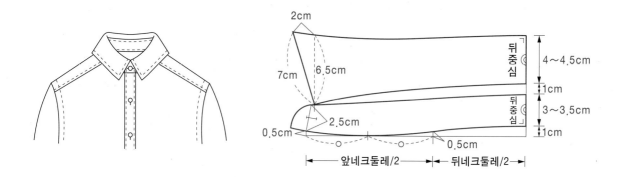

클래식 정장에 입는 셔츠 제도법이며 칼라밴드 폭과 칼라의 폭을 1cm 차이 나도록 제도한다.
ex) 칼라밴드 폭이 3cm일 때, 칼라 폭은 4cm이고, 칼라밴드 폭이 3.5cm일 때, 칼라 폭은 4.5cm

### 2) 스프레드칼라

1930년대 영국의 윈저 공이 애용했고, 칼라의 각도가 벌어진 정도에 따라 스프레드칼라(spread collar) 또는 세
미스프레드칼라라고 불리며 윈저칼라라고도 한다.

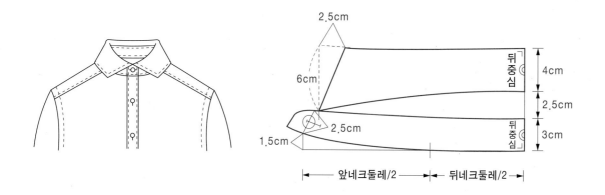

1  칼라밴드를 캐주얼 셔츠 제도법으로 변형하여 제도했다.
2  칼라의 각도를 100°에서 180°까지 자유롭게 변형하여 제도한다.

## 3) 버튼다운칼라

버튼다운칼라(button down collar)는 셔츠칼라의 깃 끝에 단춧구멍을 뚫어 단추로 여미는 형태로 스포티한 셔츠에 주로 쓰인다.

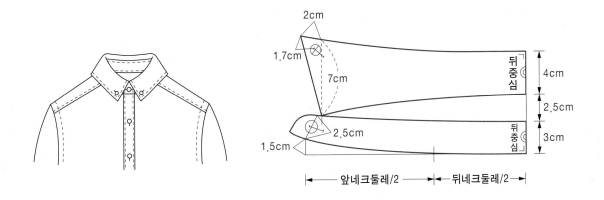

1  캐주얼 칼라밴드를 사용했으며 칼라는 레귤러 제도법과 동일하다.
2  칼라 끝에서 1.7cm 떨어져 일자단춧구멍(나나인치)을 표기하고 몸판에 단추를 달아 여민다.


## 4) 윙칼라

윙칼라(wing collar)는 칼라 앞부분이 뾰족하게 되어 있는 디자인으로 깃을 아래로 접어 구부린 형태이며 모임이나 파티에 갈 때 나비넥타이와 함께 착용하는 것이 일반적이다.

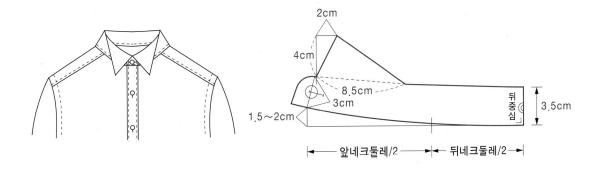

1  뒤중심에서 3.5cm, 앞중심에서 0.5cm 작게 3cm 폭으로 그린다.
2  앞중심에서 0.2~0.3cm 떨어져 8.5cm 떨어진 위치를 정한다.
3  캐주얼 칼라밴드에 수직으로 4~5cm 올라가고 2cm 들어가 제도한다.

## 5) 라운드칼라

라운드칼라(round collar)는 끝이 둥근 모양으로 되어 있는 칼라의 총칭으로 디자인 의도에 따라 크기와 둥근 정도를 달리할 수 있다.

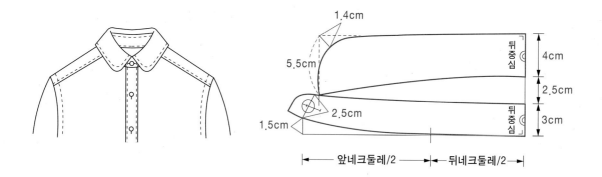

1  칼라밴드를 캐주얼 셔츠 제도법으로 제도했다.
2  5.5~6cm 올라가 1.4cm 들어간 자연스러운 곡선으로 제도한다.
   (디자인 의도에 따라 크기와 모양은 달라질 수 있다.)

## 6) 스탠드칼라

스탠드칼라(stand collar)는 곧게 서 있으며 접어 넘기지 않은 칼라의 총칭으로 차이니즈칼라, 만다린칼라라고도 부른다.

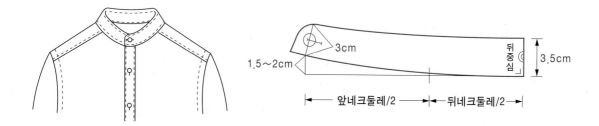

1  뒤중심 폭이 3cm일 때, 앞중심 폭은 0.5cm 작게 2.5cm로 제도한다.
2  뒤중심 폭이 3.5cm일 때, 앞중심 폭은 0.5cm 작게 3cm로 제도한다.

## 7) 오픈칼라

오픈칼라(open collar)는 라펠 부분이 앞몸판에서 이어진 칼라로 여름용 셔츠에 주로 사용되며 스포츠칼라라고
도 한다.

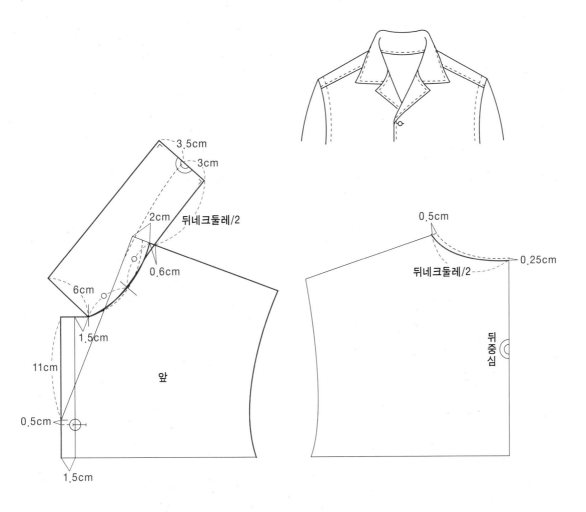

1   시추니 원형(여밈형) 뒷길에서 목옆점 0.5cm 들어가 목뒤점 0.25cm 내린다.

2   시추니 원형(여밈형) 앞길에서 목옆점은 뒤네크너비와 동일하게 제도한다.

3   목앞점에서 11cm 내려가고 목옆점에서 2cm 나가 꺾임선을 그린다.

4   앞중심에서 1.5cm 들어가 칼라와 라펠이 만나는 곳을 정하고 자연스러운 네크라인을 그린다.

5   목옆점에서 0.6cm 들어가 뒤네크둘레/2를 측정하여 자연스러운 곡선을 그리고 직각으로 6.5cm 올린다.

6   칼라의 디자인에 따라 6~7cm 너비로 자연스러운 라인을 완성한다.

7   꺾임선에서 0.5~1cm 내려와 단추와 단춧구멍 위치를 그린다.

# 06

# 재킷

# 01 재킷의 이해

## 1) 재킷 각 부분 명칭

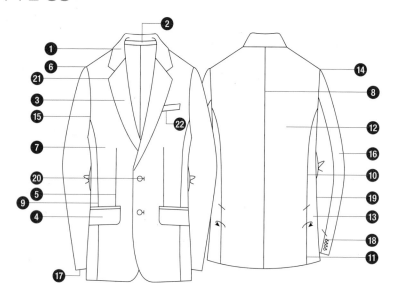

| 번호 | 명칭 | 영어 | 현장 용어 |
|------|------|------|-----------|
| 1 | 칼라 | collar | 카라 |
| 2 | 칼라밴드 | collar band | 바나나밴드 |
| 3 | 라펠 | lapel | 라펠 |
| 4 | 플랩포켓 | flap pocket | 후다 |
| 5 | 앞다트 | front dart | 앞다트 |
| 6 | 어깨선 | shoulder line | 가다선 |
| 7 | 앞길 | front panel | 앞판 |
| 8 | 뒤중심선 | back seam | 뒤중심선 |
| 9 | 앞프린세스라인 | front princess line | 앞사이바라인 |
| 10 | 뒤프린세스라인 | back princess line | 뒤사이바라인 |
| 11 | 양트임 | double vent | 양트임 |
| 12 | 뒷길 | back panel | 뒤판 |
| 13 | 옆길 | side panel | 사이바 |
| 14 | 소매산 | sleeve top | 소매산 |
| 15 | 암홀둘레 | armhole | 암홀둘레 |
| 16 | 소매 | sleeve | 소매 |
| 17 | 소매밑단 | sleeve bottom | 소맷부리 |
| 18 | 소매단추 | sleeve button | 소매단추 |
| 19 | 옆솔기 | side seam | 와끼 |
| 20 | 단춧구멍 | button hole | QQ |
| 21 | 고지 | gorge | 고시 |
| 22 | 가슴주머니 | welt pocket | 하꼬 |

## 2) 재킷 제품 치수 재는 부위 및 방법

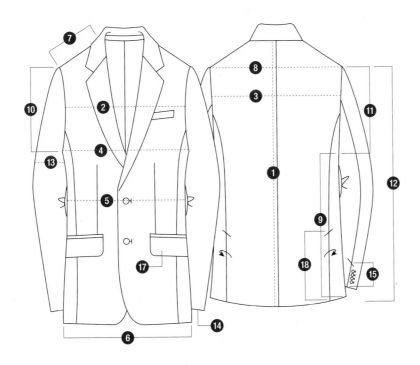

| 번호 | 항목 | 측정 방법 |
|---|---|---|
| 1 | 재킷길이 | 목뒤점에서 재킷밑단까지의 길이를 잰다. |
| 2 | 앞품 | 앞길 진동깊이의 중간 지점을 수평으로 잰다. |
| 3 | 뒤품 | 뒷길 진동깊이의 중간 지점을 수평으로 잰다. |
| 4 | 가슴둘레 | 양 겨드랑점 밑에서 수평으로 잰 뒤 2배 한다. |
| 5 | 허리둘레 | 허리 위치의 가장 들어간 위치에서 수평으로 잰 뒤 2배 한다. |
| 6 | 밑단둘레 | 재킷 밑단의 둘레를 수평으로 잰 뒤 2배 한다. |
| 7 | 어깨길이 | 어깨솔기의 길이를 잰다. |
| 8 | 어깨가쪽점사이길이<br>(어깨너비) | 어깨가쪽점에서 목뒤점을 지나 어깨가쪽점 사이의 길이를 잰다. |
| 9 | 옆솔기길이 | 겨드랑점에서 밑단까지의 길이를 잰다. |
| 10 | 앞암홀둘레 | 앞암홀둘레의 길이를 잰다. |
| 11 | 뒤암홀둘레 | 뒤암홀둘레의 길이를 잰다. |
| 12 | 소매길이 | 소매산에서 소매밑단까지의 길이를 잰다. |
| 13 | 소매통둘레 | 겨드랑점에서 소매 중심까지 수평으로 잰 뒤 2배 한다. |
| 14 | 소맷부리둘레 | 소맷부리둘레를 수평으로 잰 뒤 2배 한다. |
| 15 | 소매트임길이 | 소매트임길이를 잰다. |
| 16 | 가슴주머니폭, 길이 | 가슴주머니의 폭과 길이를 잰다. |
| 17 | 플랩폭, 길이 | 플랩의 폭과 길이를 잰다. |
| 18 | 뒤트임길이 | 뒤트임길이를 잰다. |

## 3) 재킷 제도에 필요한 용어 및 약어

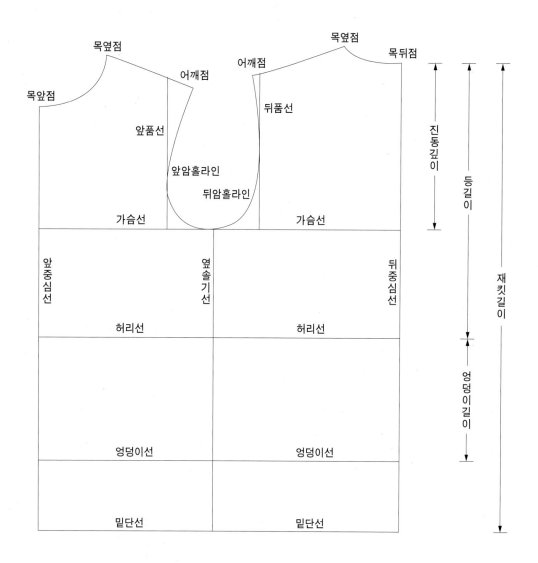

| 표준 용어 | 영어 | 약어 |
|---|---|---|
| 가슴선 | bust line | BL |
| 허리선 | waist line | WL |
| 엉덩이선 | hip line | HL |
| 옆솔기 | side seam | SS |
| 앞중심 | center front | CF |
| 뒤중심 | center back | CB |

# Single Breasted
# Two Buttons Jacket

## 02 싱글 브레스티드 2버튼 재킷 Single Breasted Two Buttons Jacket

## 1) 재킷 제도에 필요한 치수

| 항목 | 신체치수 | 패턴치수 |
|---|---|---|
| 어깨너비 | 44cm | 45cm |
| 가슴둘레 | 96cm | 104cm |
| 허리둘레 | 82cm | 92cm |
| 엉덩이둘레 | 95cm | 104.5cm |
| 재킷길이 | · | 73cm |
| 등길이 | 44cm | 43cm |
| 진동깊이 | 19.6cm | 26cm |
| 소매길이 | 59cm | 64cm |
| 팔꿈치길이 | 33.8cm | 34cm |
| 소매통둘레 | 30.2cm | 37.5cm |
| 소맷부리 | 16.5cm | 28cm |
| 뒤품/2 | 20.5cm | 21cm |
| 앞품/2 | 18.5cm | 19cm |

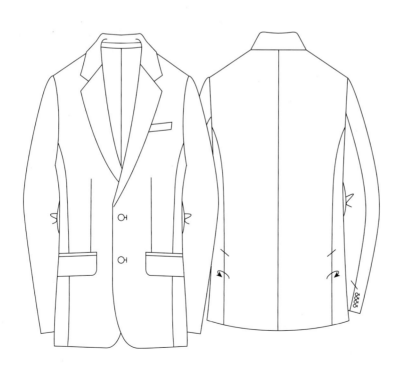

## 2) 재킷의 제도

### (1) 재킷 원형의 기초선 제도

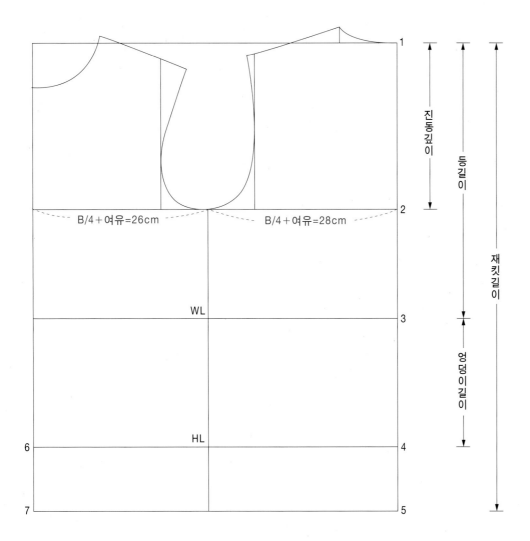

■ 시추니 원형(오픈형)을 이용하여 제도한다.

**1~2** 진동깊이 B/4+(1+3cm)=26cm

**1~3** 등길이 43cm

**3~4** 엉덩이길이 20cm

> 평균 등길이 44cm에서 1cm 올려 제도했으므로 엉덩이길이를 20cm로 제도한다.

**1~5** 재킷길이 73cm

**6, 7** 점 4, 5의 직각선의 연장선을 그린다.

## (2) 뒤중심선과 뒤절개선의 제도

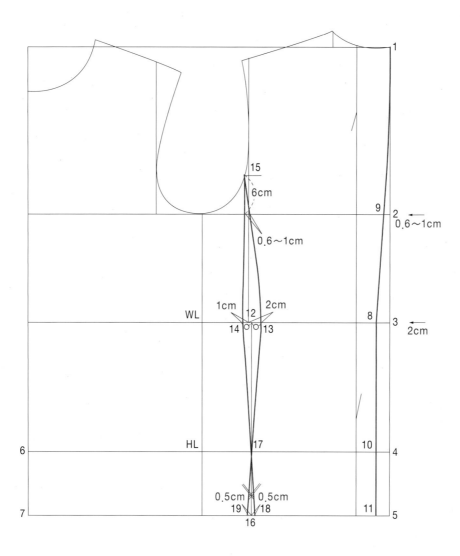

■ 뒤중심선에서 5cm 들어가 재단결선을 그린다.

**8**  점 3에서 2cm

**9**  점 2에서 0.6~1cm

**10**  점 8에서 수직으로 내려온 지점

**11**  점 10에서 수직으로 연장한다.

**12**  뒤품선에서 수직으로 내려온 지점

**13**  점 12에서 2cm

**14**  점 12에서 1cm

**15**  가슴선에서 6cm 올라가 점 13과 14에서 자연스러운 곡선을 그린다.

　　　(이때 가슴선에서 0.6~1cm 떨어지도록 한다.)

**16**  점 13과 14의 이등분점에서 수직으로 내려온 지점

**17**  점 13과 14의 이등분점에서 엉덩이선까지 수직으로 내려온 지점

**18, 19**  점 16에서 0.5cm

**13~17~19, 14~17~18**  자연스러운 곡선을 그린다.

## (3) 앞절개선의 제도

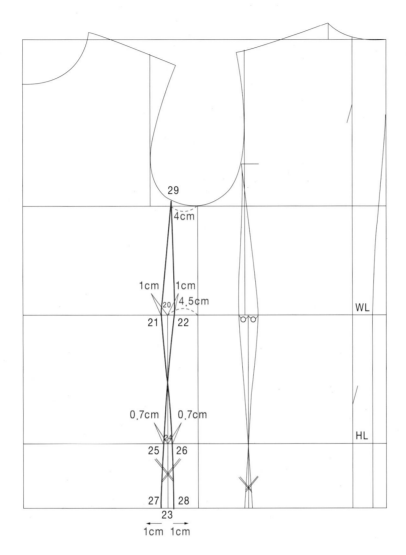

20    옆솔기선에서 4.5cm

21, 22    점 20에서 1cm

23    점 20에서 수직으로 내려온 지점

24    점 20에서 엉덩이선까지 수직으로 내려온 지점

25    점 24에서 0.7cm

26    점 24에서 0.7cm

27, 28    점 23에서 1cm

21~26~28, 22~25~27    자연스러운 곡선으로 그린다.

29    옆솔기선에서 4cm

29~21, 29~22    자연스러운 곡선으로 그린다.

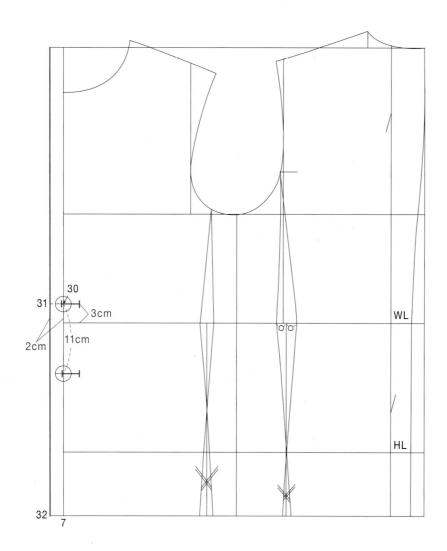

## (4) 단추 위치의 제도

**30** 허리선에서 3cm 올라온 지점(첫째 단추)

둘째 단추는 점 30에서 11cm 내려온 지점에 위치한다.

## (5) 앞여밈분의 제도

**31** 점 30에서 2cm 나간 지점(단추의 크기에 따라 달라진다.)

**32** 점 31을 수직으로 내려 점 7과 수평으로 교차되는 지점

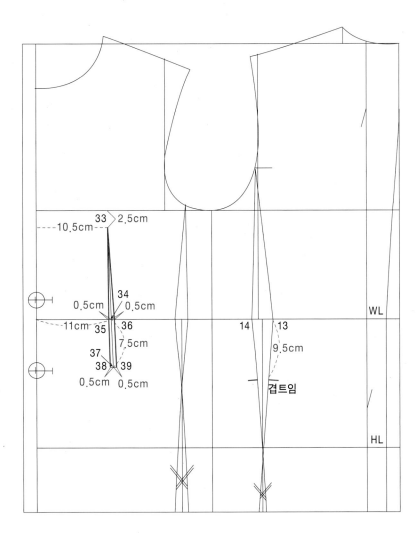

## (6) 앞다트의 제도

**33** 가슴선에서 2.5cm 앞중심선에서 10.5cm 교차 지점

**34** 점 33에서 허리선까지 수직으로 내려와 우측으로 0.5cm 이동한 지점(11cm)

> 앞다트를 수직으로 제도하지 않고 사선이 되도록 0.5cm 이동하는 것은 완성 시 수직으로 보이게 하기 위함이다.

**35, 36** 점 34에서 각각 0.5cm

**37** 점 34에서 7.5cm 연장하여 내려온 지점

**38, 39** 점 37에서 각각 0.5cm

## (7) 뒤겹트임의 제도

**1** 점 13과 점 14에서 9.5cm 떨어져 겹트임 위치를 정한다.

**2** 겹트임 위치에서 밑단까지 골선이 되므로 일직선으로 제도한다.

**3** 겹트임 시접은 4~5cm를 기본으로 한다.

## 슬림핏 강조를 위한 실루엣의 변화

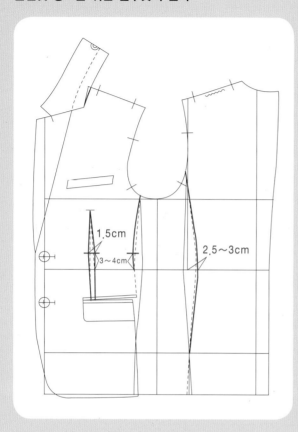

남성복 트렌드의 변화에 따라 클래식핏 재킷에서 허리선을 강조한 슬림핏 재킷의 유행이 일반화된 지 오랜 시간이 흘렀다.

클래식핏 재킷은 가슴둘레와 허리둘레의 차이가 10cm 미만인 것이 일반적이나, 슬림핏 재킷은 가슴둘레와 허리 사이즈의 차이가 12~14cm까지 작게 제도하고 있다. 또한 단순히 사이즈만 줄여 재킷을 제도하는 것뿐만 아니라 라인에 변화를 주어 실루엣을 만들어 가고 있다.

뒤 전개라인에서 2.5~3cm로 늘려 허리 사이즈를 줄이고, 앞허리 포인트를 3~4cm 올려 1.5cm의 다트량을 준다. 또한 옆솔기 포인트도 3~4cm 올려 자연스러운 곡선으로 실루엣을 완성한다.

## 3) 칼라와 라펠의 제도

### (1) 라펠의 제도

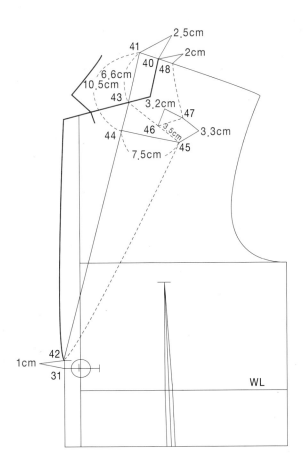

**41** 점 40에서 2.5cm 나간 지점

**42** 점 31에서 1~1.5cm 올라간 지점

• 점 41과 점 42를 직선으로 연결하여 라펠 꺾임선을 그린다.

**43** 점 41에서 6.6cm 내려온 지점

**44** 점 41에서 10.5cm 내려온 지점

**45** 점 44에서 7.5cm 나간 지점

**46** 점 45에서 점 43과 직선으로 연결 후 3.5cm 들어간 지점

**47** 점 45에서 3.3cm 올라가 점 46과 3.2cm에서 교차되는 지점

**43~46~45** 직선으로 연결한다.

**48** 점 40에서 2cm 나간 지점

**48~47~46** 그림과 같이 자연스럽게 연결한다.

• 꺾임선을 대칭으로 라펠과 칼라의 기본선을 그린다.

## (2) 칼라의 제도

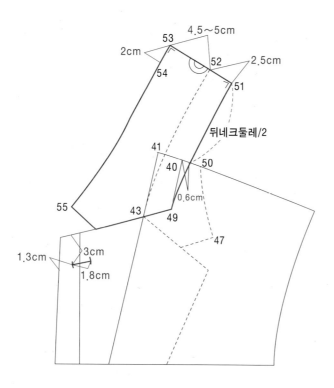

49  점 40에서 꺾임선과 평행으로 내려와 점 43의 연장선과의 교차점

50  점 40에서 0.6cm 들어간 지점

51  점 50에서 뒤네크둘레/2만큼 자연스러운 곡선으로 연장한 지점

52  점 51에서 2.5cm(꺾임분) 올라간 지점

53  점 52에서 4.5~5cm 올라간 지점

54  점 53에서 직각선으로 2~3cm 나간 지점

55  꺾임선을 기준으로 점 47을 대칭으로 그린 지점

54~55  그림과 같이 자연스러운 곡선으로 그린다.

• 라펠의 단춧구멍은 고지라인에서 3cm, 라펠 끝에서 1.3cm 떨어져 18mm 모양 단춧구멍을 그린다.

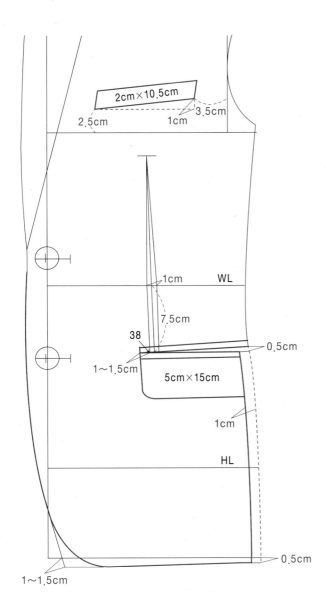

### (3) 플랩포켓의 제도

**1** 점 38에서 앞중심으로 1~1.5cm 나간 지점부터 세로 5cm, 가로 15cm 크기로 그린다(옆길을 절개하여 붙인 후 플랩의 가로길이 15cm를 그린다.).

**2** 입술의 폭은 0.5cm를 기본으로 한다.

**3** 앞다트 1cm 분량만큼 앞절개선을 1cm 이동하여 입술의 길이를 같게 제도한다.

### (4) 웰트포켓의 제도

**1** 가슴선에서 2.5cm 올라가 가로 10.5cm, 세로 2~2.5cm 크기로 그린다.

**2** 이때 암홀 쪽으로 1cm 사선으로 그린다.

**3** 앞품에서 3.5cm 떨어진 위치를 기본으로 한다.

### (5) 앞내림분의 제도

**1** 입술의 가운데선에서 0.5cm 내려 제도하고 밑단에서 0.5cm 길이를 늘려 준다.

**2** 1~1.5cm 앞내림분을 주고 밑단을 완성한다.

**3** 디자인에 따라 앞밑단 끝을 자연스러운 곡선으로 완성한다.

> 앞내림분은 뒤중심보다 앞중심이 들려 보이지 않고, 시각적으로 안정적인 느낌을 주기 위함이다. 또한 앞자락 끝이 사선이 되어 앞중심의 벌어짐이 심할수록 앞내림분이 많아진다.

## 통 사이바(사이드패널 또는 옆길)의 변화

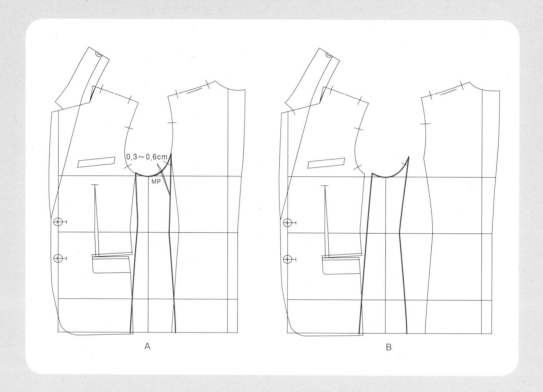

A          B

대부분의 남성복 옆길 제도 시 B와 같이 제도하는 것이 일반적이다. 이는 앞뒤절개선의 결선을 동일하게 제도하여 자연스러운 실루엣을 만들기 위한 방법이며 진동두께를 넓게 하여 남성의 활동성을 감안하여 편안함을 주기 위한 방법이기도 하다. 하지만 최근 남성복 트렌드에 따라 재킷의 사이즈는 점점 슬림화되고 있다.

과거 여성복 제도 시 B와 같은 방법으로 제도했지만 불편함을 감수하고 실루엣에 중점을 두는 여성복 트렌드의 변화에 따라 현재는 A와 같은 방법으로 뒤 사이바 부분을 0.3~0.6cm MP시켜 제도하는 것이 일반화되었다.

슬림핏을 강조하는 남성복에 트렌드에 따라 약간의 불편함을 감수하더라도 미적인 부분에 초점을 맞춘다면 A와 같이 실루엣 위주의 패턴으로 변화되리라 생각된다.

편안함을 강조할지 실루엣을 강조할지 이제 여러분이 선택하세요.

## (6) 칼라와 칼라밴드의 제도

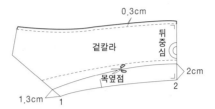

1  재킷 앞길에서 칼라 패턴을 복사하고 목옆점 너치 표기를 한다.
2  안칼라(지애리)는 펠트소재를 사용하고 바이어스 방향으로 재단한다.
3  안칼라는 꺾임선 부위에 0.3~0.6cm 당겨서 테이프 작업을 한다.
4  트렌드의 변화에 따라 캐주얼 재킷은 안칼라를 배색으로 사용하고 겉칼라와 같이 칼라밴드를 만들어 주기도
   한다.
5  겉칼라(우애리)는 0.3cm 넘어가는 분량을 주어 완성한다(넘어가는 분량은 소재의 두께에 따라 분량을 조절
   한다.).
6  점 1에서 1.3cm 올라온 지점과 점 2에서 2cm 올라온 지점을 자연스러운 곡선으로 연결한다.

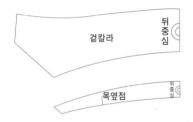
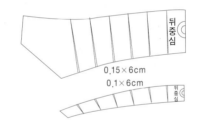

7  칼라와 칼라밴드를 절개하여 분리한다.
8  절개한 칼라밴드를 0.6cm 길이를 줄인다. 이때 칼라밴드보다 칼라를 소재에 따라 0.2~0.4cm 작게 제도하
   여 늘려서 봉제하면 꺾이는 현상을 방지할 수 있다.

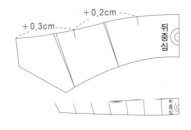

9  겉칼라는 안칼라보다 외곽 둘레를 0.3~0.5cm 크게 제도하여 오그림분(ease)으로 처리한다.
10  칼라와 칼라밴드의 선을 정리하고 너치(notch) 표시를 하여 칼라와 칼라밴드를 완성한다.

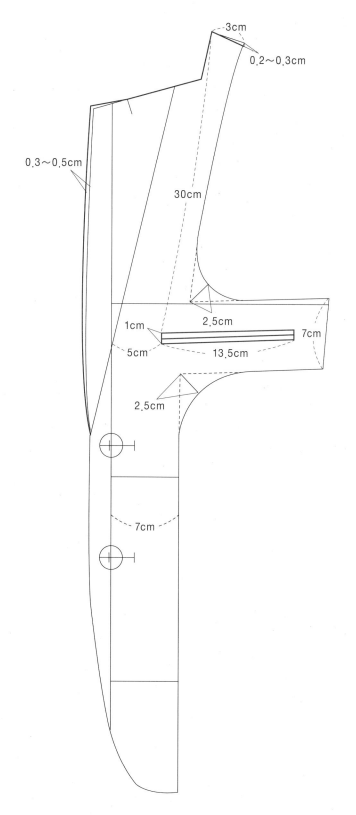

## (7) 안단의 제도

1. 어깨선에서 3cm 늘어간 점과 앞중심을 기준으로 7cm 들어간 점을 자연스러운 곡선으로 연결하여 안단을 제도한다.

2. 어깨선을 0.2~0.3cm 내려 준다(소재의 두께에 따라 달라진다.).

3. 라펠의 가장자리를 그림과 같이 0.3~0.5cm 확장하여 그린다 (소재의 두께에 따라 달라진다.).

4. 앞중심에서 5cm 떨어진 지점과 목옆점에서 30cm 떨어진 위 치에 입술주머니(1cm×13.5cm)를 그린다.

5. 입술을 기준으로 위아래로 3.5cm씩 이동하여 총 7cm 안단선 을 그린다.

6. 안단의 직각선에서 45° 방향으로 2.5cm 나가 자연스러운 곡 선을 완성한다.

# 싱글 브레스티드 2버튼 재킷

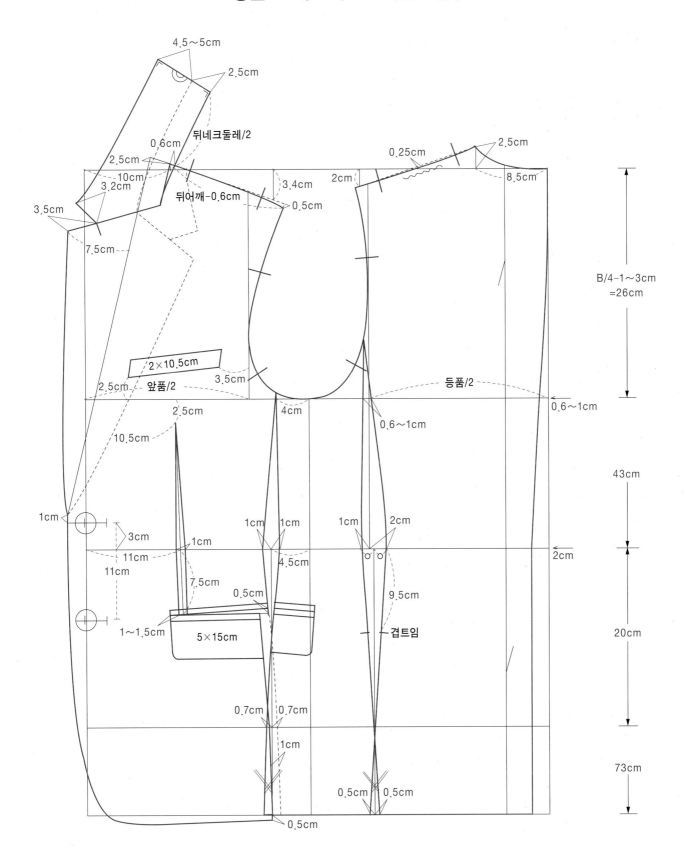

## 4) 두 장 소매 원형의 제도

### (1) 소매 원형의 기초선 제도

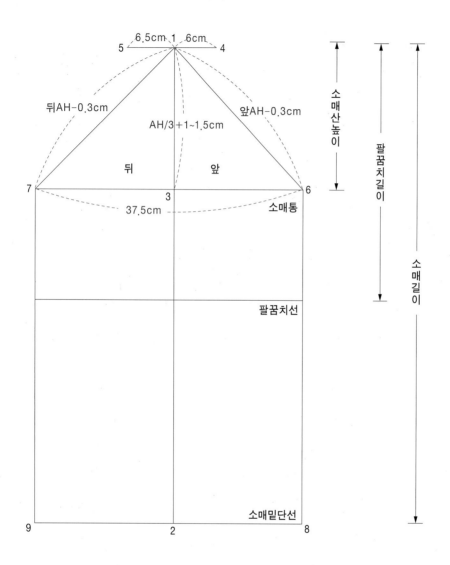

**1~2**   소매길이는 64cm을 기본으로 한다.

**1~3**   소매산 높이는 앞뒤 AH/3+1~1.5cm=19.1cm

• 팔꿈치길이는 점 1에서 34cm를 기본으로 한다.

**4**   점 1에서 6cm 나간 지점을 기본으로 한다.

**5**   점 1에서 6.5cm 나간 지점을 기본으로 한다.

**1~6**   앞암홀길이-0.3~1cm(소재에 따라 오그림분을 달리한다.)

**1~7**   뒤암홀길이-0.3~1cm(소재에 따라 오그림분을 달리한다.)

**6~7**   소매통둘레 37.5cm를 기본으로 한다.

**8**   점 6의 수직선과 점 2의 수평선의 교차점

**9**   점 7의 수직선과 점 2의 수평선의 교차점

## (2) 소매산의 기초선 제도

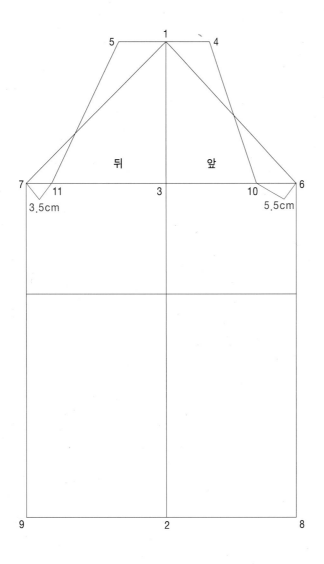

**10**  점 6에서 5.5cm 들어간 지점

**11**  점 7에서 3.5cm 들어간 지점

**4~10, 5~11**  직선으로 연결한다.

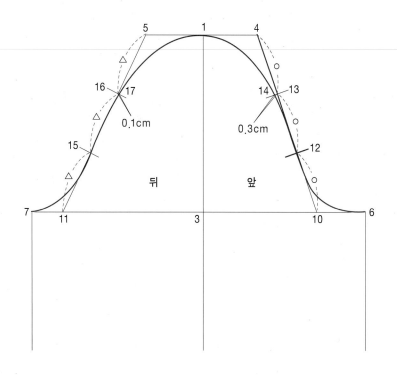

## (3) 앞소매둘레의 완성

**12, 13** 점 4~10을 3등분한 지점

**14** 점 13에서 0.3cm 들어간 지점을 기본으로 한다.

**6~12** 재킷 앞길의 암홀라인을 이용하여 제도한다.

**1~14~12** 그림과 같이 자연스럽게 연결한다.

## (4) 뒤소매둘레의 완성

**15, 16** 점 5~11을 3등분한 지점

**17** 점 16에서 0.1cm 들어간 지점을 기본으로 한다.

**7~15** 재킷 뒷길의 암홀라인을 이용하여 제도한다.

**1~17~15** 그림과 같이 자연스럽게 연결한다.

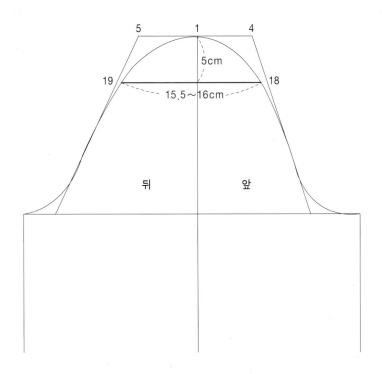

## (5) 소매위통둘레 체크 포인트

18~19 소매위통둘레는 점 1에서 5cm 내려와 수평으로 측정한 거리이다. 15.5~16cm를 기본으로 한다.

소매위통둘레가 15.5cm 이하가 될 경우 소매위통둘레가 작아져 여유분량이 감소하고 당기는 현상이 나타날 수 있으며 16cm 이상이 될 경우 남는 분량으로 인해 미적인 요소가 감소될 수 있다. 또한 소매의 위통둘레는 어깨너비, 뒤품, 앞품의 크기에 비례하므로 어깨너비, 뒤품, 앞품이 크게 제도되면 위통둘레가 작아지게 되고 어깨너비, 뒤품, 앞품이 작게 제도되면 위통둘레가 크게 제도될 수 있다.

## 소매 오그림분의 배분

몸판과 소매를 봉제할 때 소매에 오그림분(ease)을 주어 자연스러운 곡선의 형태로 소매를 몸판에 달 수 있다. 소매의 오그림분은 몸판을 기준으로 각 암홀둘레를 그림과 같이 3등분하여 구간마다 너치(notch, 맞춤) 표시를 그려 준다.

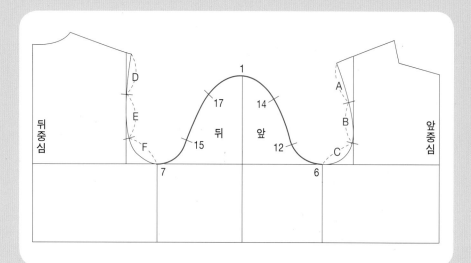

| 소매구간 | 앞오그림분 |
|---|---|
| 1–14 | 앞 A구간+1~1.3cm |
| 14–12 | 앞 B구간+0.3~0.5cm |
| 12–6 | 앞 C구간+0 |

| 소매구간 | 뒤오그림분 |
|---|---|
| 1–17 | 뒤 D구간+1~1.5cm |
| 17–5 | 뒤 E구간+0.5~0.7cm |
| 15–7 | 뒤 F구간+0.3cm |

## 소매의 오그림분은 소재의 밀도에 따라 그 분량을 조절한다.

클래식 정장 소매의 경우 마꾸라지(sleeve heading)의 형태가 크고 두꺼우므로 오그림분을 여유 있게 주지만, 캐주얼 정장의 경우 마꾸라지가 1겹의 압축된 솜으로 제작되어 있어 오그림분을 적게 주어 제작하는 것이 바람직하다. 또한 여름 면소재의 소매일 경우 소매산의 오그림분을 0.3~0.6cm 정도로 작게 제도하여 제작해야 소재의 파카링을 사전에 방지할 수 있다.

## (6) 앞절개선의 기초선 제도

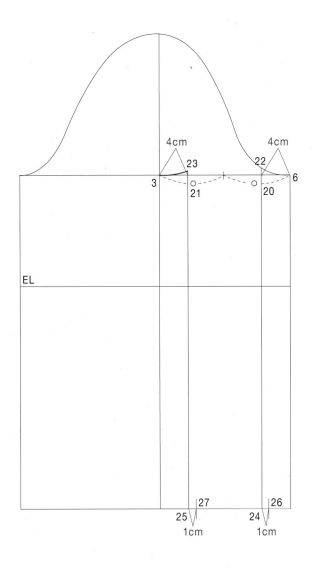

**20**  점 6에서 4cm 들어간 지점

**21**  점 3에서 4cm 나간 지점

**22**  점 20에서 앞암홀 완성선까지 수직으로 연장한 지점

**23**  점 6과, 3을 이등분으로 접은 후 점 6~22까지의 대칭되는 곡선을 그려 준다.

**24**  점 22에서 직선으로 내려온 지점

**25**  점 23에서 직선으로 내려온 지점

**26**  점 24에서 0.5~1cm 나간 지점

**27**  점 25에서 0.5~1cm 나간 지점

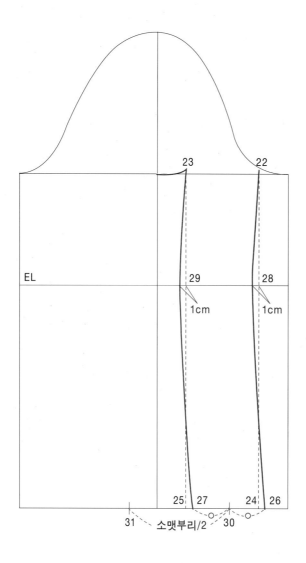

## (7) 앞절개선의 위치와 완성

**28**   점 22와 점 24 사이의 팔꿈치선(EL)에서 1cm 들어간 지점

**29**   점 23과 점 25 사이의 팔꿈치선에서 1cm 들어간 지점

**22~28~26, 23~29~27**   그림과 같이 자연스러운 곡선으로 연결한다.

## (8) 소맷부리의 위치

**30**   점 26과 점 27의 이등분 지점

**31**   점 30에서 소맷부리/2=14cm

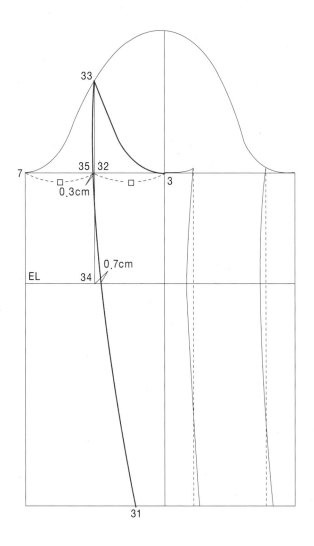

## (9) 뒤절개선의 위치와 완성

**32**   점 3과 점 7을 이등분한 지점

**33**   점 32에서 소매 완성선까지 수직선으로 연장한 지점

• 점 3~33 소매라인을 점 3과 점 7의 이등분점 점 32를 중심으로 접은 후 점 7~33까지 대칭되는 곡선을 그
    린다.

**34**   점 32에서 팔꿈치선까지 수직선으로 내려서 0.7cm 들어간 지점

**35**   점 32에서 0.2~0.3cm 나간 지점

**33~35~34~31**   그림과 같이 자연스럽게 연결한다.

## (10) 소맷부리의 완성

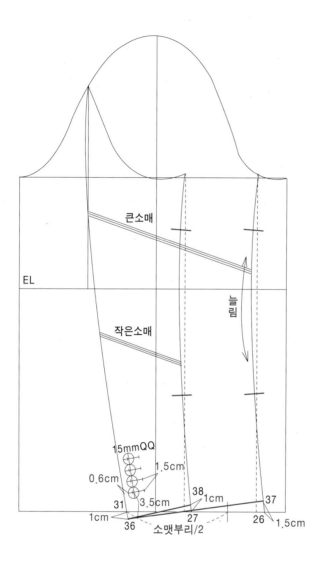

**36** 점 31에서 1cm 연장한 지점

**37** 점 26에서 1.5cm 올린 지점

**38** 점 27에서 1cm 올린 지점

**36~37, 36~38** 직선에 가까운 곡선으로 연결한다.

• 밑단에서 3.5cm 떨어져 1.5cm 간격으로 15mm QQ 표시를 한다.

  (이때 완성선에서 단추 끝의 간격은 0.6cm 떨어진 위치를 기본으로 한다.)

• 팔꿈치선을 중심으로 큰소매 부분의 앞은 소재에 따라 0.5~1cm 짧게 하여 늘려 봉제한다.
• 큰소매 뒤절개선과 작은소매 뒤절개선 봉제 시 큰 소매에 0.3~0.6cm 오그림분을 넣어 제도하는 것이 바람직하나 원활한 생산을 위하여 길이를 같게 제도한다.

# 재킷 두 장 소매 원형 1

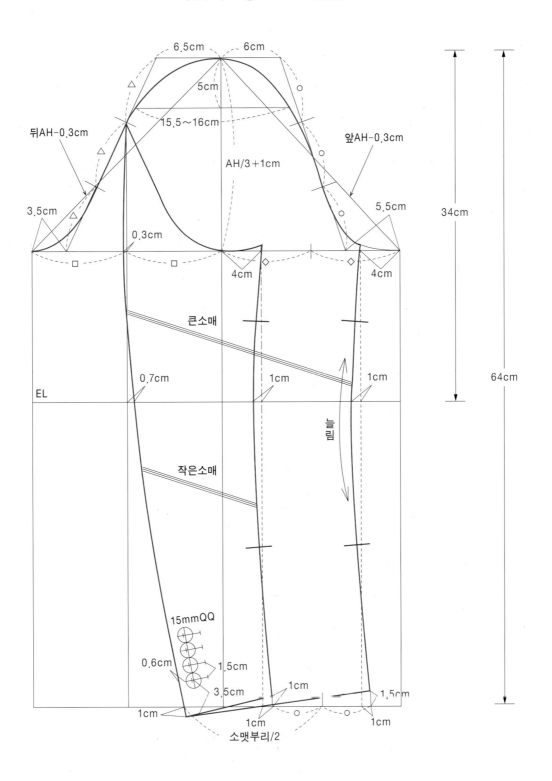

6.5cm  6cm

5cm

뒤AH-0.3cm

15.5~16cm

앞AH-0.3cm

AH/3+1cm

3.5cm

5.5cm

0.3cm

34cm

□  □  4cm  ◇  ◇  4cm

큰소매

EL

0.7cm

1cm  1cm

64cm

늘림

작은소매

15mmQQ

0.6cm  1.5cm

3.5cm

1cm  1cm  1.5cm

1cm  1cm  1cm

소맷부리/2

# 재킷 두 장 소매 원형 2

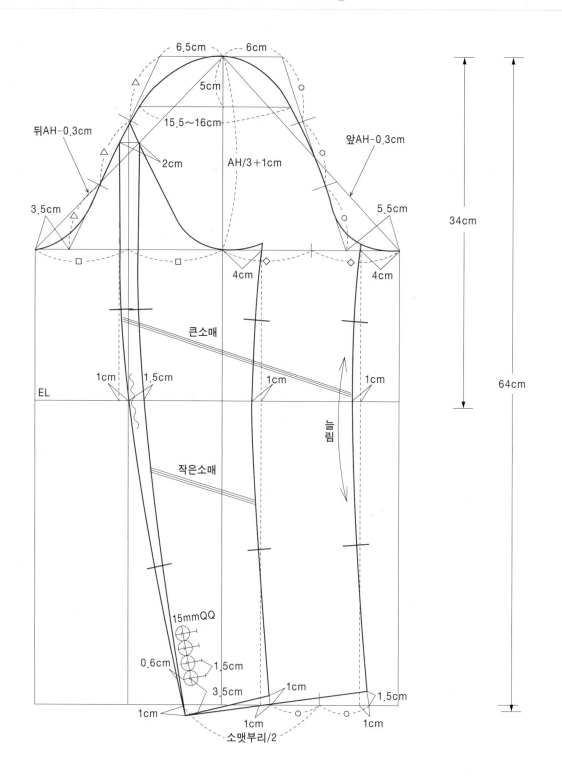

## 소매 뒤절개선의 변화

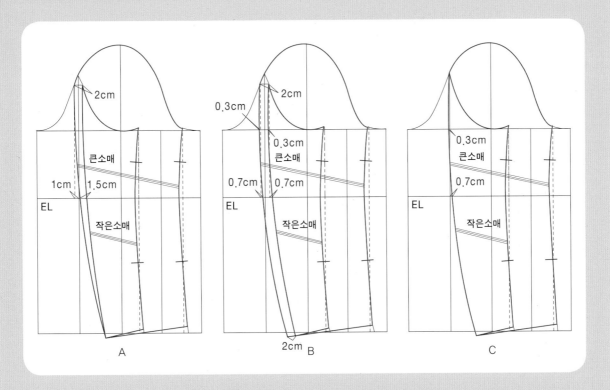

A

B

C

패턴을 시작한지 얼마 되지 않았을 때 다른 방법으로 제도하는 많은 사람을 보았다. 나와 다르게 제도하면 실루엣이 이상할 것이라는 선입견도 있었다. 하지만 예상과 달리 다른 방법으로도 원하는 실루엣을 만들어내는 것을 보며 받아들이지 못했던 자신이 부끄러웠다. 시간이 흘러 가르치는 입장이 되어보니 A 방법은 맞고 B 방법은 틀리다는 논리가 아니라 A와 B와 C의 차이가 무엇인지를 가르치고 있다.

소매 뒤절개선 제도 방법은 다양하게 변화될 수 있다. A와 같이 소매 위쪽에서는 2cm 차이를 두고 소맷부리 쪽으로 가면서 만나게 제도하는 방법이 있고, B와 같이 소매 위쪽부터 소맷부리까지 2cm 간격으로 동일하게 제도하는 방법이 있다. 또한 C와 같이 소매 위쪽부터 소맷부리까지 하나의 절개선으로 제도하여 큰소매와 작은소매의 절개선을 동일하게 제도하는 방법이 있다. 어떠한 방법으로 제도하든 결과에는 이상이 없다. 다만 뒤절개선의 위치가 변할 뿐이다. 따라서 누구나 쉽게 제도할 수 있도록 C와 같은 방법을 제시했다.

이제
조금 더 쉬운 방법으로
제도해 보세요!

# 재킷 두 장 소매 원형 3

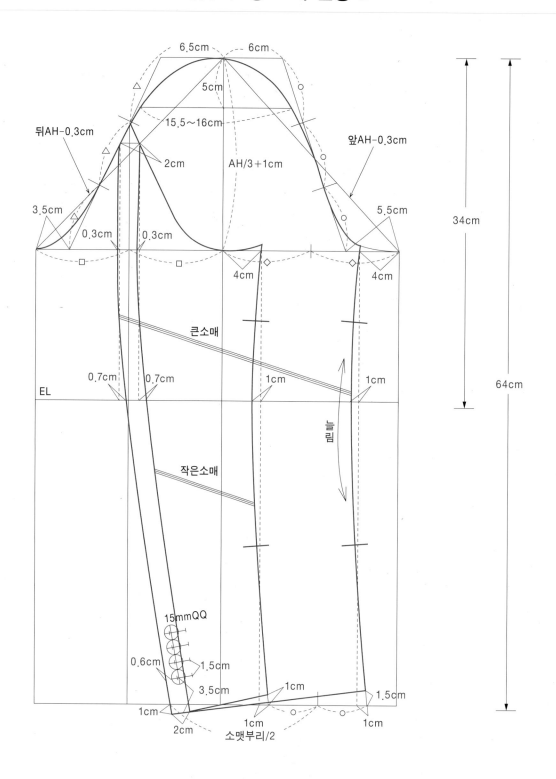

## 표준소매, 앞소매, 뒤소매

### 표준소매

표준소매의 기울기는 그림과 같이 소매의 패턴과 앞길의 패턴으로 확인할 수 있다. 확인의 기준은 제도되어 있는 그림과 같이 소매패턴을 기준으로 앞길패턴의 암홀끝점과 소매의 앞암홀끝점을 교차하여 ①의 간격이 0.6~1.3cm 되는 것을 기본으로 제도하는 것이 표준소매의 기본 범위라 할 수 있다.

### 앞소매

앞소매는 소매가 인체의 꺾임보다 실물의 소매가 앞으로 달리는 현상을 말한다. 이런 현상이 생길 때 소매의 뒤쪽에 주름이 생겨서 소매의 미적인 요소를 감소시킬 수 있다.

　표준체형의 소매를 확인한 것처럼 소매 패턴을 기준으로 앞길패턴의 암홀끝점과 소매의 앞암홀끝점을 교차하여 ②의 간격이 2cm 이상이 될 경우, 소매가 앞으로 나아가는 현상이 발생한다. 이를 실무에서는 '앞소매' 현상이라고 한다.

### 뒤소매

뒤소매는 소매가 인체의 꺾임보다 소매가 뒤로 달리는 현상을 말한다. 이러한 현상이 생길 때 소매의 앞쪽에 주름이 생겨서 소매의 미적인 요소를 감소시킬 수 있다.

　이런 현상의 확인 방법은 표준체형의 소매를 확인한 것처럼 소매 패턴을 기준으로 앞길 패턴의 암홀끝점과 소매의 앞암홀끝점을 교차하여 ③과 같이 소매의 기준선보다 앞길의 기준선이 올라갈 경우, 소매가 뒤로 치우치게 되는 현상이 발생한다. 이를 실무에서는 '뒤소매' 현상이라고 한다.

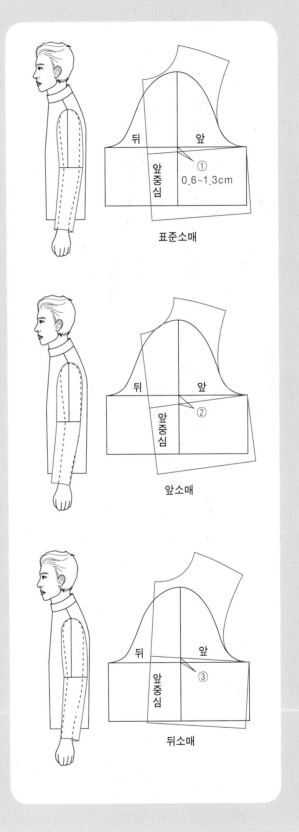

표준소매

앞소매

뒤소매

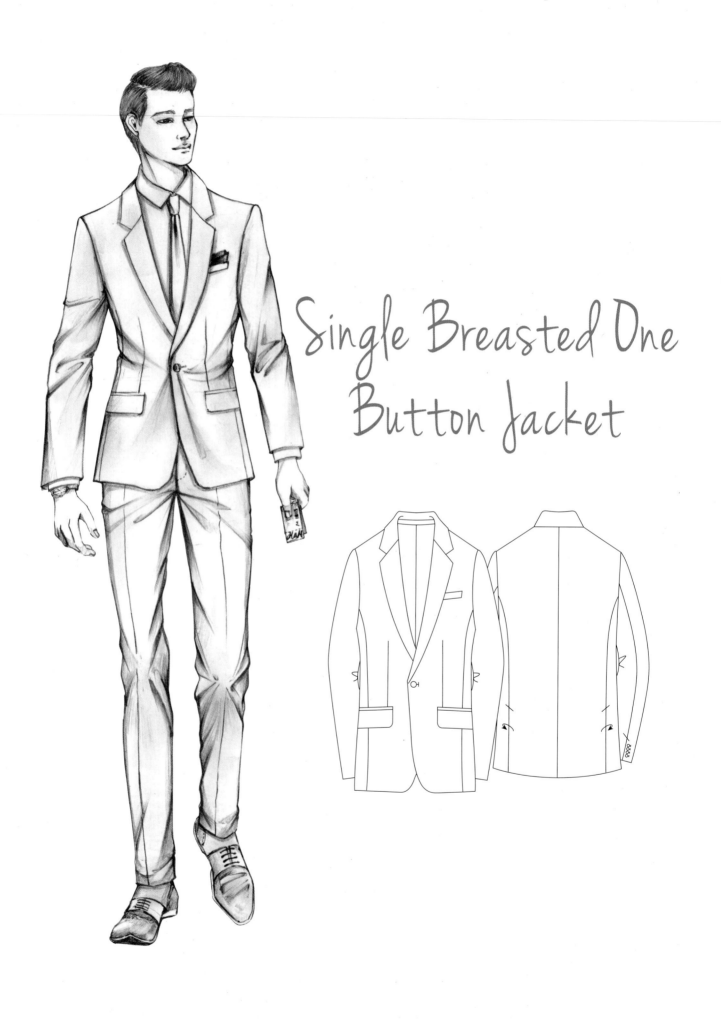

Single Breasted One
Button Jacket

## 1) 재킷 제도에 필요한 치수

| 항목 | 신체치수 | 패턴치수 |
|---|---|---|
| 어깨너비 | 44cm | 45cm |
| 가슴둘레 | 96cm | 103.5cm |
| 허리둘레 | 82cm | 91cm |
| 엉덩이둘레 | 95cm | 104cm |
| 재킷길이 | . | 73cm |
| 등길이 | 44cm | 43cm |
| 진동깊이 | 19.6cm | 26cm |
| 소매길이 | 59cm | 64cm |
| 팔꿈치길이 | 33.8cm | 34cm |
| 소매통둘레 | 30.2cm | 37.5cm |
| 소맷부리 | 16.5cm | 28cm |
| 뒤품/2 | 20.5cm | 21cm |
| 앞품/2 | 18.5cm | 19.3cm |

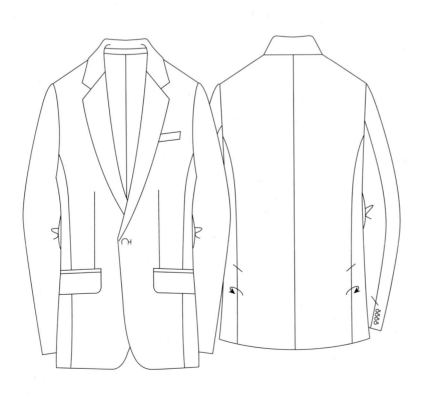

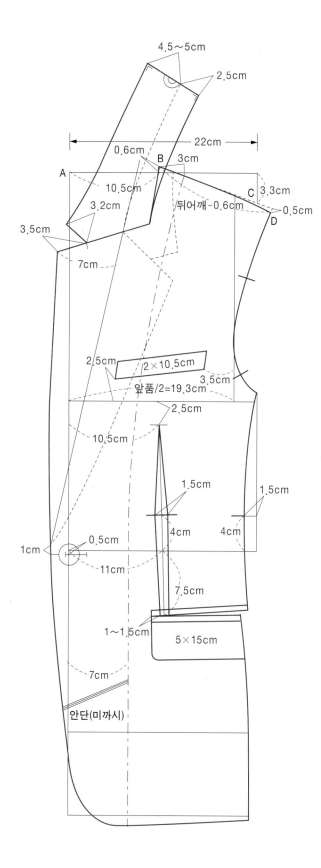

## 2) 싱글 브레스티드 1버튼 재킷 제도

■ 2버튼 재킷에서 앞길을 변형하여 제도한다.

**A~B** 10.5cm 이동하여 0.6cm 위로 올라간 지점

**A~C** 22cm 이동하여 3.3cm 내려온 지점

• B와 C를 직선으로 연결한 후 뒤어깨길이보다 앞어깨길이를 0.6cm 작게 하여 앞어깨길이를 구한다.

**D** 어깨점에서 0.5cm 내려온 지점

• 앞품/2은 19.3cm

• 앞다트는 허리에서 3~4cm 올라와 1.5cm 다트량을 주어 제도한다.

• 앞옆솔기도 3~4cm 올라와 허리 포인트를 올려 준 후 자연스러운 곡선으로 실루엣을 강조한다.

• 단추 위치는 허리에서 0.5cm 내려와 그려 준다.

• 단추 위치에서 1cm 위로 올라가 라펠꺾임선 위치를 정한다.

• 칼라의 크기와 위치는 디자인 의도에 따라 달라진다.

• 칼라의 제도 방법은 2버튼 재킷과 동일하다.

• 앞중심에서 7cm, 목옆점에서 3cm 떨어져 안단(미까시) 표기를 한다.

# 싱글 브레스티드 1버튼 재킷

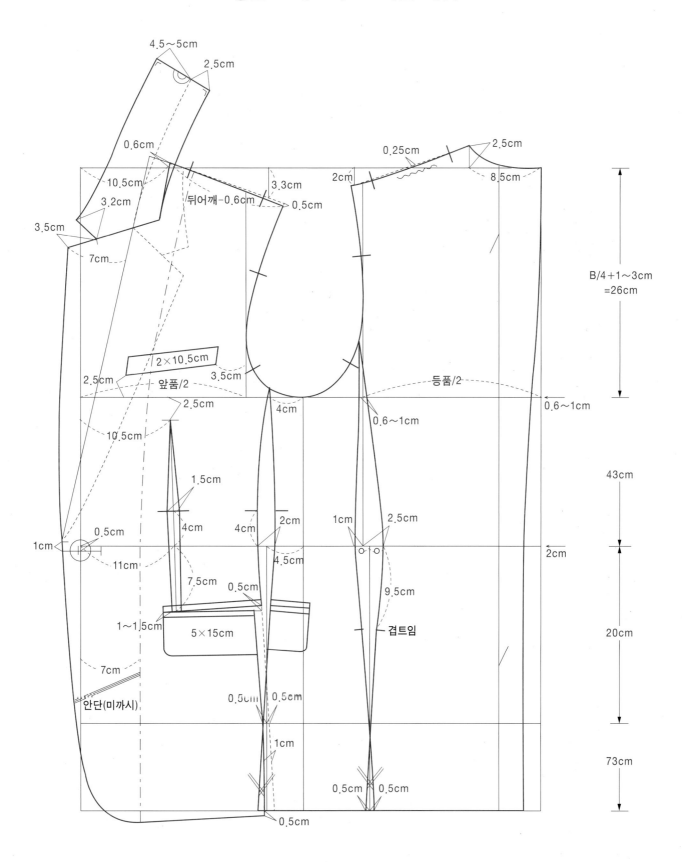

4.5~5cm
2.5cm
0.6cm
10.5cm
3.2cm
3.5cm
7cm
뒤어깨-0.6cm
3.3cm
0.5cm
0.25cm
2cm
2.5cm
8.5cm
B/4+1~3cm
=26cm
2×10.5cm
2.5cm
앞품/2
3.5cm
등품/2
0.6~1cm
2.5cm
4cm
0.6~1cm
10.5cm
1.5cm
43cm
0.5cm
4cm
4cm
4cm
2cm
1cm
2.5cm
1cm
11cm
2cm
7.5cm
0.5cm
9.5cm
1~1.5cm
5×15cm
4.5cm
겹트임
20cm
7cm
안단(미까시)
0.5cm
0.5cm
1cm
73cm
0.5cm
0.5cm
0.5cm

Single Breasted
Three Buttons Jacket

**싱글 브레스티드 3버튼 재킷** Single Breasted Three Buttons Jacket

## 1) 재킷 제도에 필요한 치수

| 항목 | 신체치수 | 패턴치수 |
|---|---|---|
| 어깨너비 | 44cm | 45cm |
| 가슴둘레 | 96cm | 104.5cm |
| 허리둘레 | 82cm | 92.5cm |
| 엉덩이둘레 | 95cm | 105cm |
| 재킷길이 | · | 73cm |
| 등길이 | 44cm | 43cm |
| 진동깊이 | 19.6cm | 26cm |
| 소매길이 | 59cm | 64cm |
| 팔꿈치길이 | 33.8cm | 34cm |
| 소매통둘레 | 30.2cm | 37.5cm |
| 소맷부리 | 16.5cm | 28cm |
| 뒤품/2 | 20.5cm | 21cm |
| 앞품/2 | 18.5cm | 18.7cm |

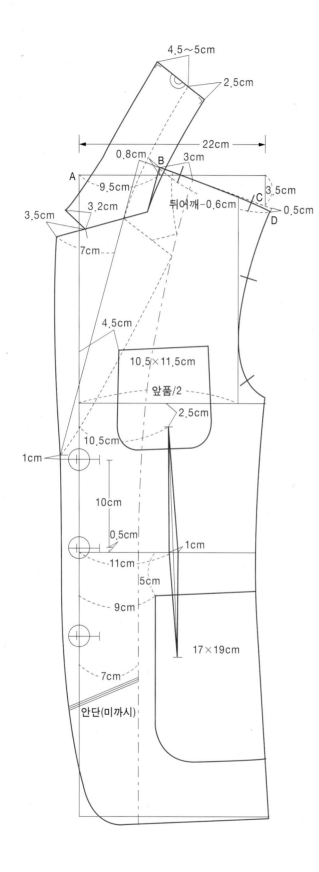

## 2) 싱글 브레스티드 3버튼 재킷 제도

- 2버튼 재킷에서 앞길을 변형하여 제도한다.

**A~B**  9.5cm 이동하여 0.8cm 위로 올라간 지점

**A~C**  22cm 이동하여 3.5cm 내려온 지점

- B와 C를 직선으로 연결한 후 뒤어깨길이보다 앞어깨길이를 0.6cm 작게 하여 앞어깨길이를 구한다.

**D**  어깨점에서 0.5cm 내려온 지점

- 앞품/2은 18.7cm

- 단추 위치는 허리에서 10.5cm 올라와 첫 번째 단추 위치를 설정한 후 10cm 간격으로 3개의 단추를 그려 준다.

- 위 아웃포켓은 앞중심에서 4.5cm 떨어져 10.5cm(가로)× 11.5cm(세로)

- 아래 아웃포켓은 앞중심에서 9cm 떨어져 17cm(가로)× 19cm(세로)

- 칼라의 크기와 위치는 디자인 의도에 따라 달라진다.

- 칼라의 제도 방법은 2버튼 재킷과 동일하다.

- 앞중심에서 7cm 목옆점에서 3cm 떨어져 안단(미까시) 표기를 한다.

# 싱글 브레스티드 3버튼 재킷

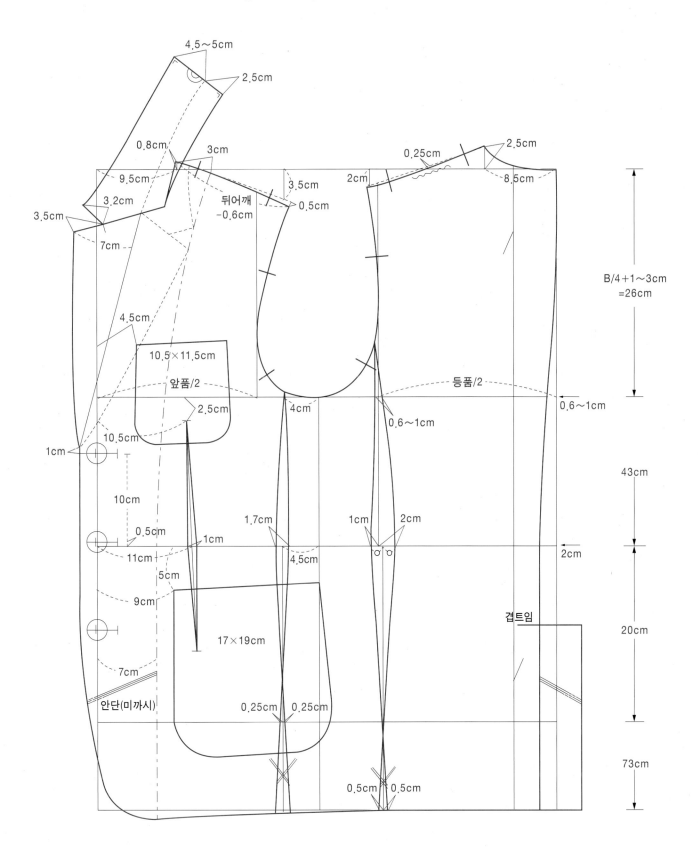

4.5~5cm

2.5cm

0.8cm  3cm

0.25cm  2.5cm

9.5cm  2cm  8.5cm

3.2cm  3.5cm

3.5cm  뒤어깨  0.5cm

7cm  -0.6cm

B/4+1~3cm
=26cm

4.5cm

10.5×11.5cm

앞품/2  등품/2

2.5cm  4cm  0.6~1cm

10.5cm  0.6~1cm

1cm

43cm

10cm

0.5cm  1.7cm  1cm  2cm  2cm

11cm  1cm  4.5cm

5cm

9cm  겹트임

17×19cm  20cm

7cm

안단(미까시)  0.25cm  0.25cm

73cm

0.5cm  0.5cm

# Single Breasted
# Four Buttons Jacket

## 1) 재킷 제도에 필요한 치수

| 항목 | 신체치수 | 패턴치수 |
|---|---|---|
| 어깨너비 | 44cm | 45cm |
| 가슴둘레 | 96cm | 105cm |
| 허리둘레 | 82cm | 93cm |
| 엉덩이둘레 | 95cm | 105.5cm |
| 재킷길이 | · | 73cm |
| 등길이 | 44cm | 43cm |
| 진동깊이 | 19.6cm | 26cm |
| 소매길이 | 59cm | 64cm |
| 팔꿈치길이 | 33.8cm | 34cm |
| 소매통둘레 | 30.2cm | 37.5cm |
| 소맷부리 | 16.5cm | 28cm |
| 뒤품/2 | 20.5cm | 21cm |
| 앞품/2 | 18.5cm | 18.4cm |

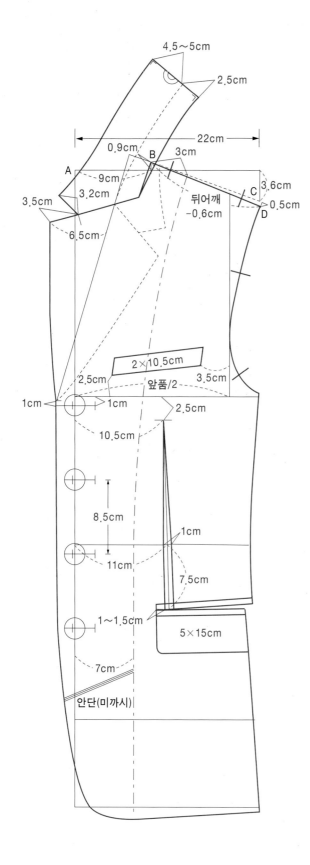

## 2) 싱글 브레스티드 4버튼 재킷 제도

- 2버튼 재킷에서 앞길을 변형하여 제도한다.

**A~B**  9cm 이동하여 0.9cm 위로 올라간 지점

**A~C**  22cm 이동하여 3.6cm 내려온 지점

- B와 C를 직선으로 연결한 후 뒤어깨길이보다 앞어깨길이를 0.6cm 작게 하여 앞어깨길이를 구한다.

**D**  어깨점에서 0.5cm 내려온 지점

- 앞품/2은 18.4cm

- 단추 위치는 가슴선에서 1cm 내려와 첫 번째 단추 위치를 설정한 후 8.5cm 간격으로 4개의 단추를 그려 준다.

- 칼라의 크기와 위치는 디자인 의도에 따라 달라진다.

- 칼라의 제도 방법은 2버튼 재킷과 동일하다.

- 앞중심에서 7cm 목옆점에서 3cm 떨어져 안단(미까시) 표기를 한다.

# 싱글 브레스티드 4버튼 재킷

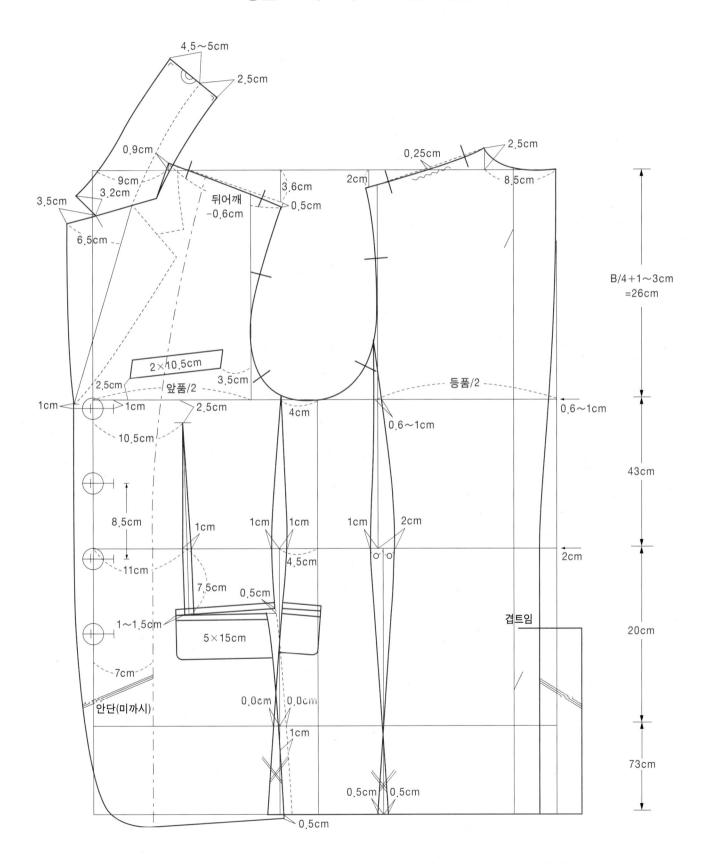

4.5~5cm

2.5cm

0.9cm

9cm

3.2cm

3.5cm

6.5cm

뒤어깨
-0.6cm

3.6cm

0.5cm

0.25cm

2cm

2.5cm

8.5cm

B/4+1~3cm
=26cm

2×10.5cm

2.5cm

앞품/2

3.5cm

등품/2

0.6~1cm

1cm

1cm

2.5cm

4cm

0.6~1cm

10.5cm

43cm

8.5cm

1cm

1cm

1cm

1cm

2cm

2cm

11cm

4.5cm

7.5cm

0.5cm

겹트임

20cm

1~1.5cm

5×15cm

7cm

안단(미까시)

0.0cm

0.0cm

1cm

73cm

0.5cm

0.5cm

0.5cm

0.5cm

## 디자인에 따른 앞뒤 네크너비 설정 방법

일반적으로 싱글 재킷의 여밈은 디자인에 따라 1버튼, 2버튼, 3버튼, 4버튼 재킷으로 나눌 수 있다. 1버튼, 2버튼 재킷의 경우에는 3버튼, 4버튼 재킷에 비해 앞가슴의 V존이 깊게 파여 있어 앞품이 벌어지거나 옆솔기의 흘러내리는 현상이 나타날 수 있다. 따라서 앞가슴의 여밈 정도에 따라 앞뒤 네크너비를 다르게 제도하며, 앞 네크너비 변화에 따라 앞품의 미세한 변화를 고려하여 제도해야 한다.

또한 여밈의 정도에 따라 가슴둘레, 허리둘레, 엉덩이둘레의 여유분을 달리 적용해야 활동하기에 불편하지 않다. 다시 말해 1버튼, 2버튼 재킷보다 3버튼, 4버튼 재킷의 가슴둘레가 크게 제도되어야 하며 가슴둘레가 커지면 허리둘레, 엉덩이 둘레도 커져야 한다.

허리둘레는 디자인 의도와 타깃에 따라 여유분을 달리하며, 엉덩이둘레는 가슴둘레에 비해 0.5~2cm까지 크게 제도하고 있다. 20대 캐릭터 재킷은 가슴둘레의 여유량을 6~8cm 두며, 40~50대의 클래식 재킷은 10~15cm 여유량을 두어 편안함을 강조하는 것이 일반적이라 할 수 있다. 여밈의 정도는 버튼 수에 비례하므로 1버튼, 2버튼, 3버튼, 4버튼 재킷의 디자인에 따라 아래와 같이 정리했다.

| 구분 | 1버튼 재킷 | 2버튼 재킷 | 3버튼 재킷 | 4버튼 재킷 |
|---|---|---|---|---|
| 뒤네크너비 | 8.5cm | 8.5cm | 8.5cm | 8.5cm |
| 앞네크너비 | 뒤네크너비+2cm=10.5cm | 뒤네크너비+1.5cm=10cm | 뒤네크너비+1cm=9.5cm | 뒤네크너비+0.5cm=9cm |
| 앞품/2 | 19.3cm | 19cm | 18.7cm | 18.4cm |
| 가슴둘레 | 103~103.5cm | 103.5~104.5cm | 104.5~105cm | 105~106cm |
| 허리둘레 | 91~93 | 91~94 | 92~96 | 93~97 |
| 엉덩이둘레 | 104~105cm | 104.5~106cm | 105~107cm | 105.5~108cm |

* 사이즈는 디자인 의도와 타깃에 따라 달라질 수 있다.

Tuxedo Shawl collar
Jacket

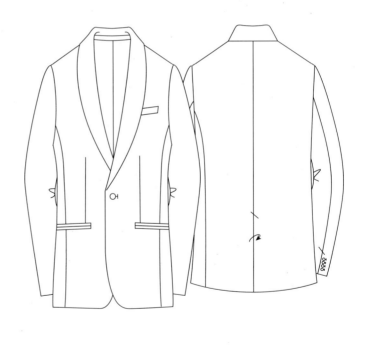

## 06 턱시도 숄칼라 재킷 TUXEDO SHAWL COLLAR JACKET

### 1) 재킷 제도에 필요한 치수

| 항목 | 신체치수 | 패턴치수 |
|---|---|---|
| 어깨너비 | 44cm | 45cm |
| 가슴둘레 | 96cm | 103.5cm |
| 허리둘레 | 82cm | 90.5cm |
| 엉덩이둘레 | 95cm | 104cm |
| 재킷길이 | · | 76cm |
| 등길이 | 44cm | 43cm |
| 진동깊이 | 19.6cm | 26cm |
| 소매길이 | 59cm | 64cm |
| 팔꿈치길이 | 33.8cm | 34cm |
| 소매통둘레 | 30.2cm | 37.5cm |
| 소맷부리 | 16.5cm | 28cm |
| 뒤품/2 | 20.5cm | 21cm |
| 앞품/2 | 18.5cm | 19.3cm |

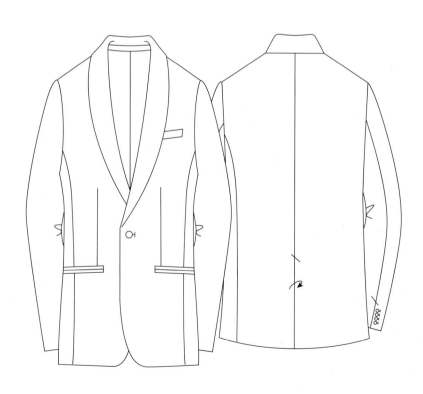

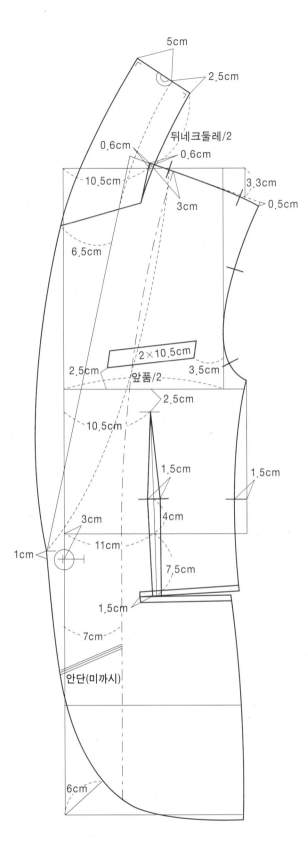

## 2) 턱시도 숄칼라 재킷 제도

■ 1버튼 재킷에서 앞길을 변형하여 제도한다.

**1** 기장 76cm로 제도한다(디자인 의도에 따라 달라질 수 있다.).

**2** 허리선에서 3cm 내려와 단추 위치를 정한다.

**3** 단추 위치에서 1cm 올려 꺾임선 위치를 정한다.

**4** 숄칼라의 폭은 6~7cm를 기본으로 한다.

**5** 앞길의 숄칼라 부위를 절개하고, 안단은 칼라 부위에 절개가 없도록 제도한다(안단은 공단이나 다른 배색을 사용하는 것이 일반적이다.).

**6** 칼라 뒤중심의 폭은 7~7.5cm를 기본으로 한다.

**7** 앞 밑단의 굴림은 6cm를 기본으로 한다(디자인 의도에 따라 달라질 수 있다.).

**8** 앞다트는 허리에서 3~4cm 올라와 1.5cm 다트량을 주어 제도한다.

**9** 앞옆솔기는 허리에서 3~4cm 올라와 허리 포인트를 올려 준 후 자연스러운 곡선으로 실루엣을 강조한다.

**10** 안단은 앞중심선에서 7cm 떨어진 지점과 목옆점에서 3cm 떨어진 지점을 자연스러운 곡선으로 연결하여 완성한다.

# 턱시도 숄칼라 재킷

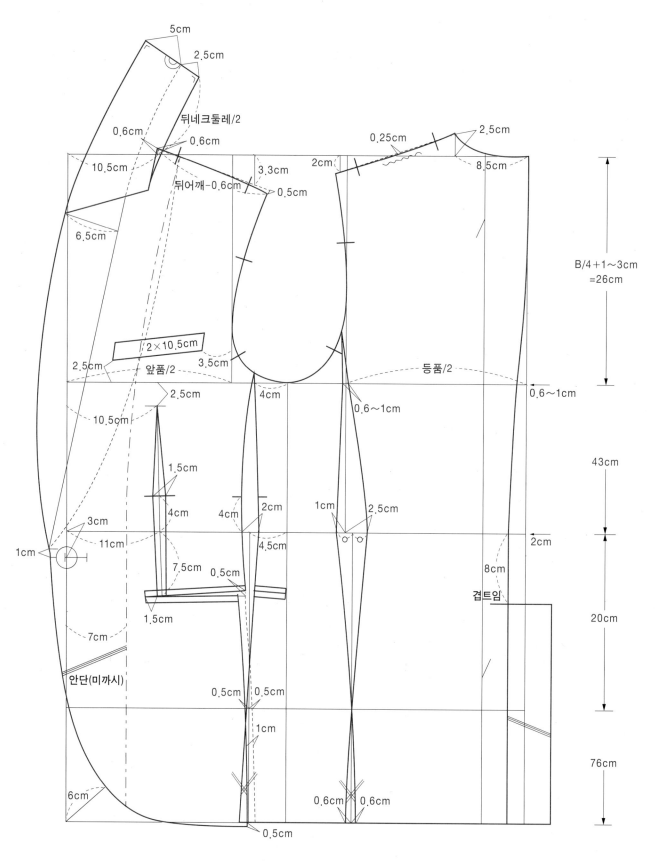

# Double Breasted Four Buttons Jacket

## 1) 재킷 제도에 필요한 치수

| 항목 | 신체치수 | 패턴치수 |
|---|---|---|
| 어깨너비 | 44cm | 45cm |
| 가슴둘레 | 96cm | 104cm |
| 허리둘레 | 82cm | 92cm |
| 엉덩이둘레 | 95cm | 104.5cm |
| 재킷길이 | · | 73cm |
| 등길이 | 44cm | 43cm |
| 진동깊이 | 19.6cm | 26cm |
| 소매길이 | 59cm | 64cm |
| 팔꿈치길이 | 33.8cm | 34cm |
| 소매통둘레 | 30.2cm | 37.5cm |
| 소맷부리 | 16.5cm | 28cm |
| 뒤품/2 | 20.5cm | 21cm |
| 앞품/2 | 18.5cm | 19cm |

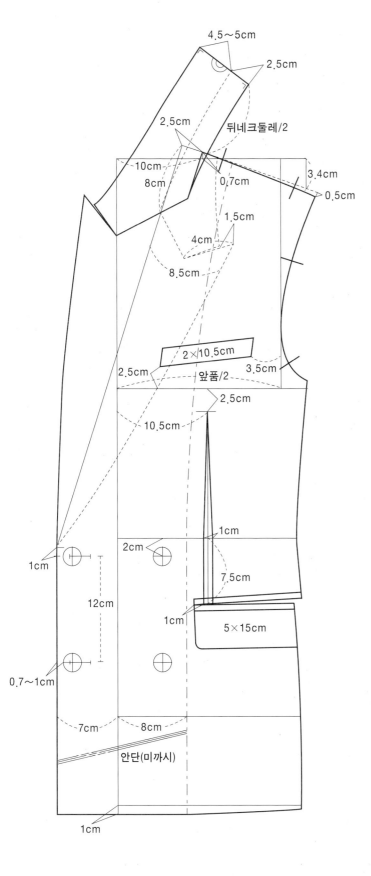

## 2) 더블 브레스티드 4버튼 재킷 제도

■ 2버튼 재킷에서 앞길을 변형하여 제도한다.

1 앞중심에서 7cm 나가 더블 분량을 그린다.

2 허리선에서 2cm 떨어져 단추 위치를 정하고 단추 간격 12cm 를 기본으로 한다.

3 단추 위치에서 1cm 위로 올라가 라펠 꺾임선 위치를 정한다.

4 라펠폭은 7~8.5cm를 기본으로 한다(디자인 의도에 따라 달라 질 수 있다.).

5 칼라의 크기와 위치는 디자인 의도에 따라 달라진다.

6 칼라의 제도 방법은 2버튼 재킷과 동일하다.

7 안단은 앞중심선에서 8cm 떨어진 지점과 목옆점에서 3.5cm 떨어진 지점을 자연스러운 곡선으로 연결하여 완성한다.

# 더블 브레스티드 4버튼 재킷

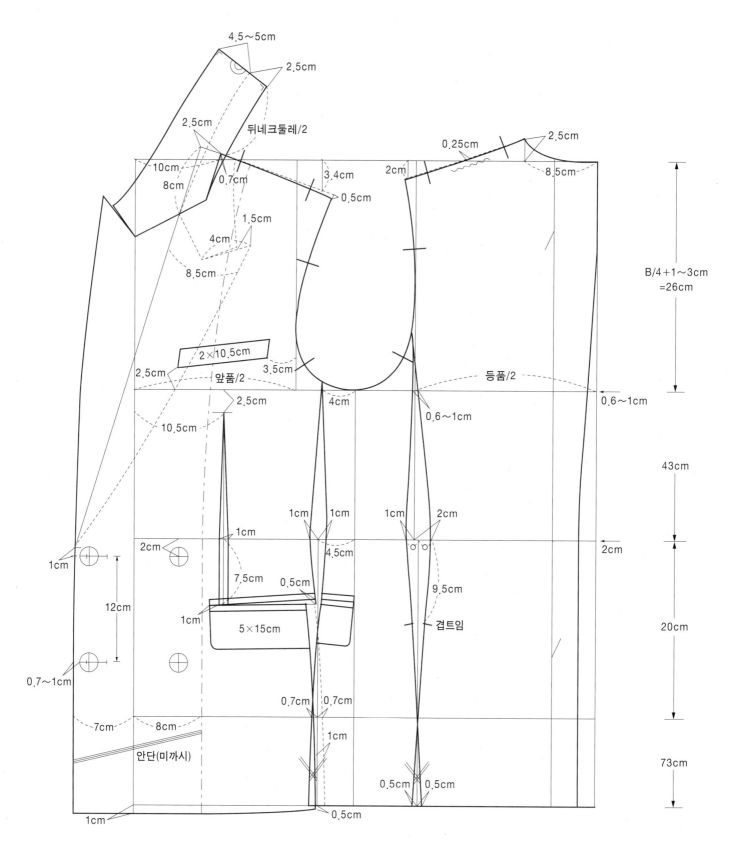

4.5~5cm

2.5cm

2.5cm

뒤네크둘레/2

0.25cm

2.5cm

10cm

8cm

0.7cm

3.4cm

2cm

8.5cm

0.5cm

1.5cm

4cm

8.5cm

B/4+1~3cm
=26cm

2×10.5cm

앞품/2

3.5cm

등품/2

2.5cm

0.6~1cm

2.5cm

4cm

0.6~1cm

10.5cm

43cm

1cm

1cm

1cm

2cm

1cm

2cm

1cm

4.5cm

2cm

7.5cm

0.5cm

9.5cm

1cm

0.7~1cm

5×15cm

겹트임

12cm

0.7cm

0.7cm

7cm

8cm

1cm

안단(미까시)

0.5cm

0.5cm

0.5cm

1cm

0.5cm

20cm

73cm

# Rider Jacket

# 08 라이더 재킷 RIDER JACKET

## 1) 재킷 제도에 필요한 치수

| 항목 | 신체치수 | 패턴치수 |
|---|---|---|
| 어깨너비 | 44cm | 43cm |
| 가슴둘레 | 96cm | 101cm |
| 허리둘레 | 82cm | 89.6cm |
| 엉덩이둘레 | 95cm | . |
| 밑단둘레 | . | 96.5cm |
| 재킷길이 | . | 55cm |
| 등길이 | 44cm | 43cm |
| 진동깊이 | 19.6cm | 25.5cm |
| 소매길이 | 59cm | 66cm |
| 팔꿈치길이 | 33.8cm | 34cm |
| 소매통둘레 | 30.2cm | 36cm |
| 소맷부리 | 16.5cm | 24cm |
| 뒤품/2 | 20.5cm | 20.5cm |
| 앞품/2 | 18.5cm | 18.2cm |

# 라이더 재킷

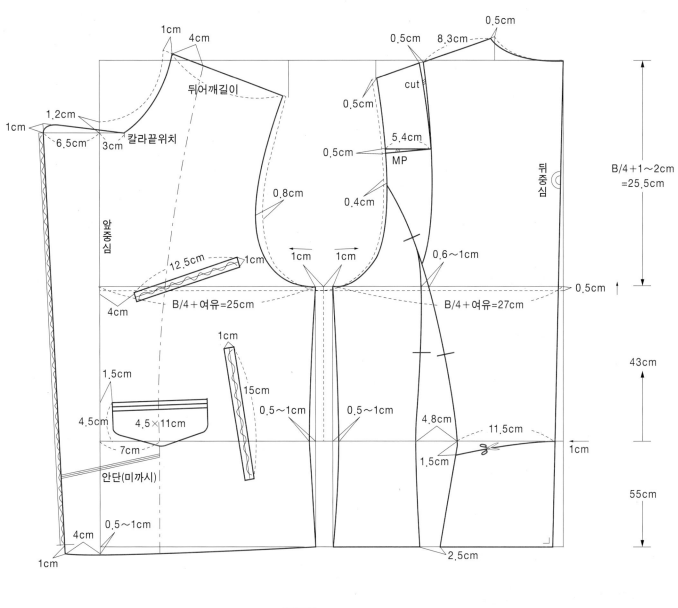

1cm
4cm
뒤어깨길이
0.5cm
0.5cm  8.3cm
cut
0.5cm
1.2cm
1cm
6.5cm  3cm  칼라끝위치
5.4cm
0.5cm  MP
앞중심
0.8cm
0.4cm
뒤중심
B/4+1~2cm
=25.5cm
12.5cm  1cm
4cm
B/4+여유=25cm
1cm  1cm
0.6~1cm
B/4+여유=27cm
0.5cm
1cm
15cm
1.5cm
4.5cm  4.5×11cm
7cm
0.5~1cm
0.5~1cm
0.5~1cm
4.8cm
11.5cm
1cm
43cm
안단(미까시)
1.5cm
0.5~1cm
4cm
1cm
2.5cm
55cm

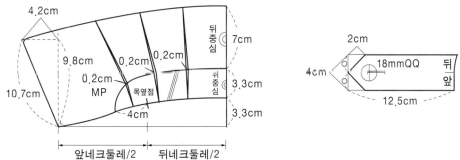

4.2cm
9.8cm
0.2cm  0.2cm
0.2cm
10.7cm  MP
목옆점
4cm
뒤중심  7cm
뒤중심  3.3cm
3.3cm
앞네크둘레/2  뒤네크둘레/2

2cm
4cm  18mmQQ  뒤  앞
12.5cm

## 2) 라이더 재킷 뒷길 제도

■ 시추니 원형(여밈형) 뒷길을 이용하여 제도한다.

1  진동깊이 B/4+1~2cm=25.5cm(원형에서 0.5cm 올려 준다.)
2  등길이 43cm
3  재킷길이 55cm
4  뒤중심 허리선에서 1cm 들어가 목뒤점에서 밑단까지 일직선으로 긋는다.
5  옆솔기선에서 1cm 줄여 제도한다(B/4+여유=27cm).
6  허리선에서 0.5~1cm 들어가 옆솔기선을 완성한다.
7  목옆점에서 0.5cm 들어간다.
8  뒤중심은 골선으로 표기한다.
9  어깨끝점에서 0.5cm, 뒤품에서 0.4cm 줄여 자연스러운 암홀라인을 그린다.
10  원하는 위치에 사이바라인을 넣고 디테일선을 그린다.
11  어깨와 암홀라인에서 각각 0.5cm씩 MP시킨다.


## 3) 라이더 재킷 앞길 제도

■ 시추니 원형(여밈형) 앞길을 이용하여 제도한다.

1  진동깊이 B/4+1~2cm=25.5cm(원형에서 0.5cm 올려 준다.)
2  옆솔기선에서 1cm 줄여 제도한다(B/4+여유=25cm).
3  허리선에서 0.5~1cm 들어가 옆솔기선을 완성한다.
4  목옆점에서 1cm 들어간다(앞뒤 네크너비를 동일하게 제도한다.).
5  목앞점에서 1.2cm 내려 3cm 들어가 칼라 끝위치를 정한다.
6  뒤어깨길이와 맞추어 앞어깨길이를 정한 후, 앞품에서 0.8cm 들어가 자연스러운 암홀라인을 그린다.
7  앞중심에서 여밈분 6.5cm(위)와 4cm(아래)를 직선으로 연결한다.
8  원하는 위치에 지퍼(1×15cm)와 플랩포켓(4.5×11cm)을 그린다.
9  앞중심 밑단선에서 0.5~1cm 내려 앞내림분을 그린다.
10  앞중심에서 7cm, 목옆점에서 4cm 떨어져 안단(미까시)을 표기한다.


## 4) 칼라와 칼라밴드, 어깨견장

1  앞뒤 네크둘레를 측정하여 원하는 크기에 맞추어 칼라와 칼라밴드를 제도한다.
2  뒤중심에서 3.3cm폭과 목옆점에서 4cm 위치를 연결하여 칼라밴드를 완성한다.
3  칼라와 칼라밴드를 절개한 후 각각 0.2cm씩 MP시켜 꺾이는 현상을 방지한다.
4  어깨견장 폭 4cm, 길이 12.5cm로 제도한다.
5  어깨견장에 18mm 단춧구멍을 표기한다.
6  앞뒤 어깨를 붙여 암홀라인 모양을 살려 어깨견장을 그린다.

# 라이더 재킷 소매

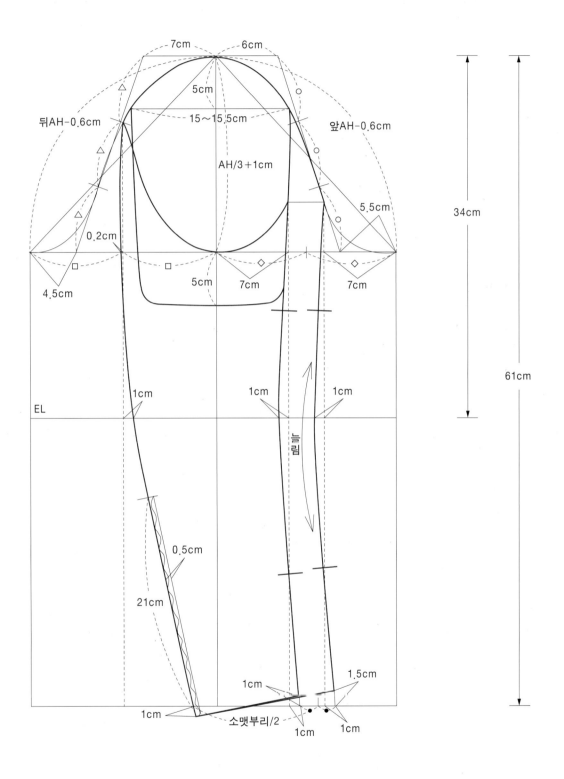

7cm　6cm

5cm

뒤AH-0.6cm

15~15.5cm

앞AH-0.6cm

AH/3+1cm

5.5cm

34cm

0.2cm

4.5cm

5cm　7cm

7cm

EL

1cm

1cm　1cm

늘림

61cm

0.5cm

21cm

1cm

1.5cm

1cm

소맷부리/2

1cm

1cm

1cm

## 5) 라이더 재킷 소매 제도

■ 2버튼 재킷 소매를 이용하여 제노한다.

**1**  소매길이 66cm(커프스 5cm 포함)

**2**  소매통둘레 36cm

**3**  소매산높이 AH/3 +1cm(유동)=18.4cm

**4**  소맷부리 24cm

**5**  2버튼 재킷소매 앞 안쪽 절개선 4cm를 디자인 의도에 따라 7cm로 변경하여 제도한다.

**6**  소매위통둘레는 소매산에서 5cm 내려와 15~15.5cm를 유지한다(기본 재킷소매보다 약 0.5cm 작게 제도한다.).

**7**  소매 밑단 선에서 21cm 올라가 지퍼 위치를 표기한다.

**8**  지퍼 반쪽 0.5cm 폭으로 그린다.

**9**  디자인 의도에 따라 큰소매에 절개선을 넣는다.


## 6) 소매무와 커프스 제도

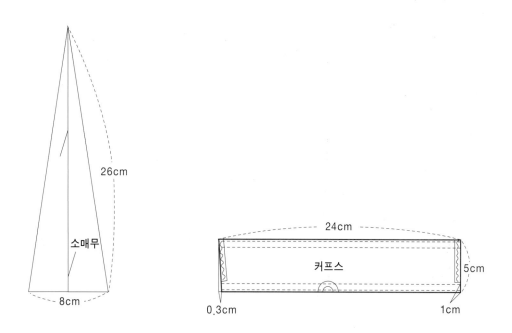

**1**  길이 26cm(커프스 폭 포함), 폭 8cm로 소매무를 그린다.

**2**  소맷부리길이에 맞추어 5cm 폭으로 커프스를 제도하고, 소맷부리에 커프스를 붙여 연장선이 되도록 0.3cm 들어간다.

**3**  소매의 지퍼 끝위치는 커프스 밑단에서 1cm 떨어진 지점

Safari Jacket

# 09 사파리 재킷 SAFARI JACKET

## 1) 재킷 제도에 필요한 치수

| 항목 | 신체치수 | 패턴치수 |
|---|---|---|
| 어깨너비 | 44cm | 46cm |
| 가슴둘레 | 96cm | 108cm |
| 허리둘레 | 82cm | 102cm |
| 엉덩이둘레 | 95cm | 109cm |
| 재킷길이 | . | 76cm |
| 등길이 | 44cm | 43cm |
| 진동깊이 | 19.6cm | 26.5cm |
| 소매길이 | 59cm | 64cm |
| 팔꿈치길이 | 33.8cm | 34cm |
| 소매통둘레 | 30.2cm | 39cm |
| 소맷부리 | 16.5cm | 28cm |
| 뒤품/2 | 20.5cm | 21.9cm |
| 앞품/2 | 18.5cm | 19.3cm |

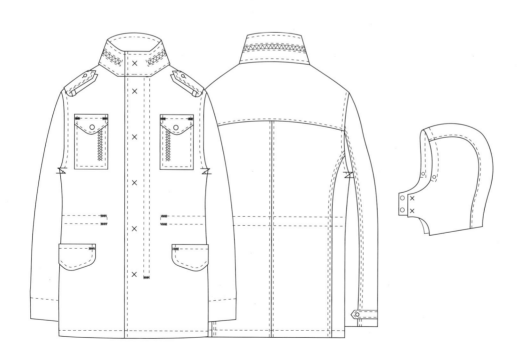

# 사파리 재킷

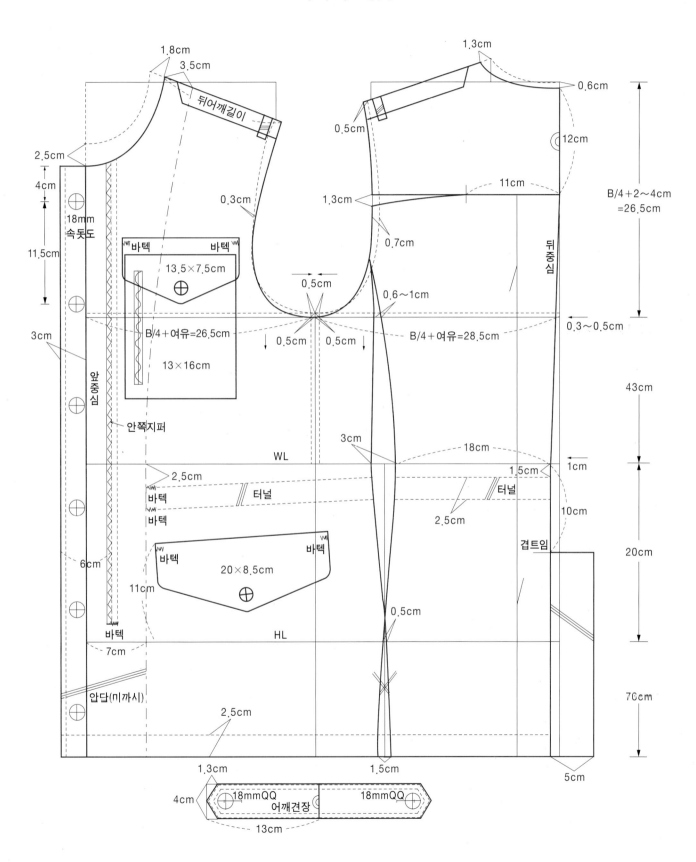

## 2) 사파리 재킷 뒷길 제도

■ 시추니 원형(여밈형) 뒷길을 이용하어 제도한다.

**1** 진동깊이 B/4+2∼4cm=26.5cm(원형에서 0.5cm 내린다.)

**2** 등길이 43cm

**3** 엉덩이길이 20cm

**4** 옆솔기선에서 0.5cm 늘려 제도한다(B/4+여유=28.5cm).

**5** 목옆점에서 1.3cm 들어가고 목뒤점에서 0.6cm 내린다.

**6** 어깨끝점에서 0.5cm, 뒤품에서 0.7cm 나가 자연스러운 암홀라인을 완성한다.

**7** 목뒤점에서 12cm 내려와 요크선을 그린 후 암홀라인에서 견갑골 위치까지 1.3cm 잘라 입체감을 살린다.

**8** 허리선에서 1cm 들어가 밑단까지 수직으로 내리고 위쪽은 자연스러운 곡선으로 제도한다.

**9** 허리선에서 18cm 떨어져 3cm 다트로 뒤절개선을 그린다(이때 상동선에서 0.6∼1cm 떨어져 그린다.).

**10** 허리선에서 1.5cm 내려와 2.5cm 간격의 터널을 그린다.

**11** 허리선에서 10cm 내려와 겹트임 위치를 표기한다.

**12** 겹트임 폭은 5cm를 기본으로 한다.


## 3) 사파리 재킷 앞길 제도

■ 시추니 원형(여밈형) 앞길을 이용하여 제도한다.

**1** 진동깊이 B/4+2∼4cm=26.5cm(원형에서 0.5cm 내린다.)

**2** 옆솔기선에서 0.5cm 늘려 제도한다(B/4+여유=26.5cm).

**3** 디자인 의도에 따라 옆솔기선은 곡선으로 제도한다.

**4** 목옆점에서 1.8cm 들어간다(앞뒤 네크너비를 동일하게 제도한다.).

**5** 목앞점에서 2.5cm 내려간다.

**6** 뒤어깨길이와 동일하게 앞어깨길이를 정한 후, 앞품에서 0.3cm 나가 자연스러운 암홀라인을 그린다.

**7** 앞중심에서 여밈분 3cm를 그린다.

**8** 여밈분에서 6cm 떨어져 더블 스티치를 그리고 안쪽에 지퍼를 넣어 작업한다.

**9** 네크 앞중심에서 4cm 떨어져 속돗도 위치를 그린다.

**10** 속돗도 간격은 11.5cm를 기본으로 한다.

**11** 디자인 의도에 따라 아웃포켓과 플랩을 그려 완성한다.

**12** 위 플랩(13.5×7.5cm), 주머니(13×16cm), 아래 플랩(20×8.5cm)

**13** 앞터널은 허리선에서 2.5cm 내려와 2.5cm 폭으로 터널을 그린다.

**14** 어깨견장(폭 4cm, 길이 13cm)을 골선으로 제도하여 견장고리에 끼워 단추로 고정한다.

**15** 앞중심에서 7cm, 목옆점에서 3.5cm 떨어져 안단(미까시)을 표기한다.

## 4) 칼라의 제도

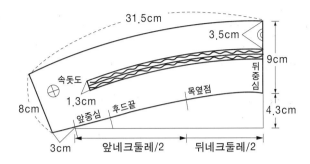

1  앞뒤 네크둘레를 측정하여 여밈분 3cm를 더하여 제도한다.

2  칼라 제도 시 4.3cm 올라가 제도하는 것은 칼라의 외곽 둘레를 크게 제도하기 위함이며, 칼라 외곽 둘레를
   작게 제도하기 위해서는 1~2cm 올라가 제도한다.

3  디자인 의도에 따라 칼라 뒤중심의 폭(9cm)과 앞 8cm 폭을 정하고, 지퍼 위치를 그린다.

4  후드는 지퍼를 열어 안쪽에 들어가는 디자인이므로 지퍼 안쪽에 후드 끝위치를 표기한다.


## 5) 후드의 제도

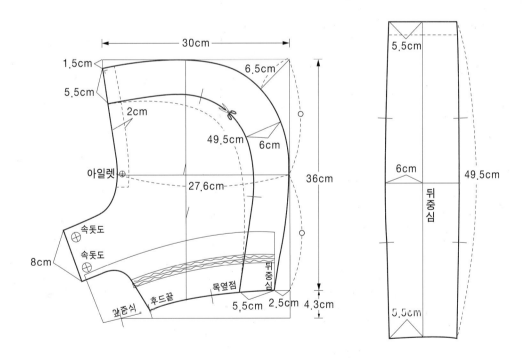

1  머리의 높이와 너비에 여유분을 주어 후드를 제도한다.

2  후드는 앞네크라인과 뒤네크라인을 이용하여 제도하는 것이 일반적이나 칼라 안쪽에 들어가는 후드는 칼라
   모양을 이용하여 제도한다.

3  디자인에 따라 뒤중심에서 원하는 폭을 정한 뒤 절개하여 안쪽 길이 49.5cm에 맞추어 제도한다.

# 사파리 재킷 소매

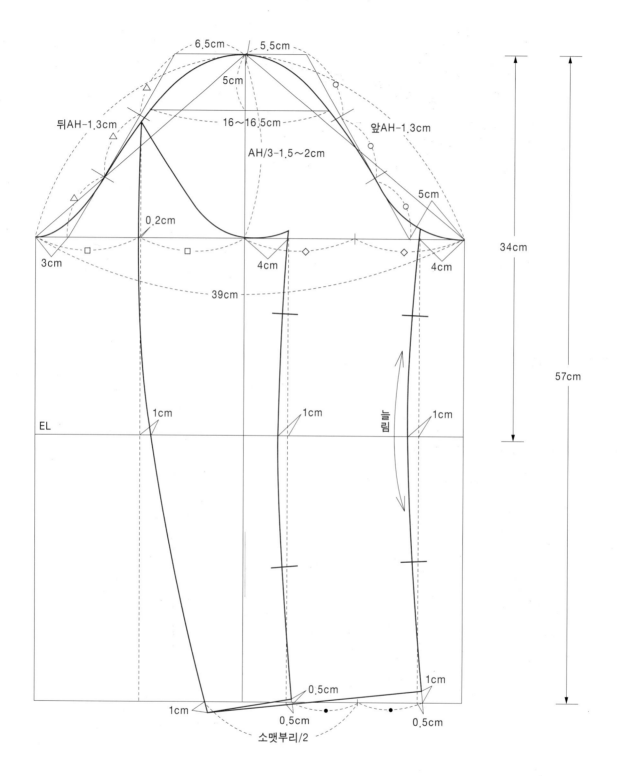

6.5cm  5.5cm

5cm

뒤AH-1.3cm

16~16.5cm

앞AH-1.3cm

AH/3-1.5~2cm

5cm

0.2cm

34cm

3cm

4cm

4cm

39cm

57cm

EL

1cm

1cm

늘림

1cm

1cm

0.5cm

1cm

0.5cm

0.5cm

소맷부리/2

## 6) 사파리 재킷 소매

■ 2버튼 재킷 소매 제도 방법을 응용한다.

**1** 소매길이는 64cm(커프스 7cm 포함)로 한다.

**2** 소매통둘레는 39cm로 한다.

**3** 소매산높이는 AH/3−1.5~2cm=16.2cm로 한다.

**4** 소맷부리는 28cm로 한다.

**5** 앞뒤 암홀길이에서 1~1.3cm 빼고 소매통을 정한다.

**6** 소매위통둘레는 소매산에서 5cm 내려와 16~16.5cm를 기본으로 한다.

> 일반적인 사파리 디자인의 소재는 면이나 프라다원단(폴리아마이드) 등을 사용하기 때문에 소재의 특성상 밀도가 강하여 오그림분(ease)을 줄 경우 셔링이나 퍼커링 현상이 생겨 시각적으로 보기 좋지 않다. 따라서 앞뒤 암홀길이에서 1~1.3cm를 빼고 소매통을 정하여 오그림분을 없애 주어야 하며, 소재 특성에 따라 오그림분을 달리 제도해야 한다.

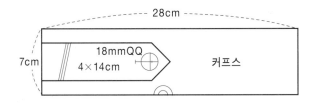

**7** 커프스 폭 7cm, 길이 28cm를 제도한다.

**8** 커프스 위에 커프 스트랩(소매비죠) 폭 4cm, 길이 14cm를 그린다.

**9** 18mm 단춧구멍을 표기한다.

CHAPTER

# 07

# 베스트

# 01 베스트의 이해

## 1) 베스트 각 부분 명칭

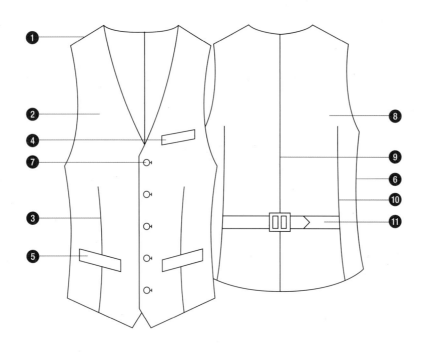

| 번호 | 명칭 | 영어 | 현장 용어 |
|---|---|---|---|
| 1 | 어깨선 | shoulder line | 가다선 |
| 2 | 앞길 | front panel | 앞판 |
| 3 | 앞다트 | front dart | 앞다트 |
| 4 | 가슴주머니 | welt pocket | 하꼬 |
| 5 | 홑겹입술 | single jetted pocket | 가다다마 |
| 6 | 옆솔기 | side seam | 와끼 |
| 7 | 단춧구멍 | button hole | QQ |
| 8 | 뒷길 | back panel | 뒤판 |
| 9 | 뒤중심선 | back seam | 뒤중심선 |
| 10 | 뒤다트 | back dart | 뒤다트 |
| 11 | 뒤장식 | back strap | 뒤비죠 |

## 2) 베스트 제품 치수 재는 부위 및 방법

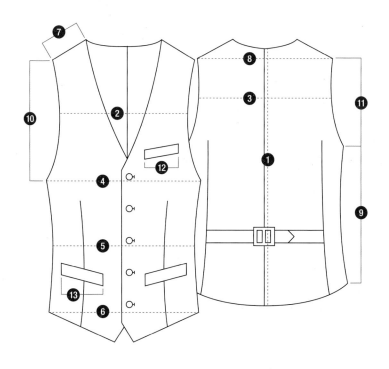

| 번호 | 항목 | 측정 방법 |
|---|---|---|
| 1 | 베스트길이 | 목뒤점에서 베스트 밑단까지의 길이를 잰다. |
| 2 | 앞품 | 앞길 진동깊이의 중간 지점을 수평으로 잰다. |
| 3 | 뒤품 | 뒷길 진동깊이의 중간 지점을 수평으로 잰다. |
| 4 | 가슴둘레 | 양 겨드랑점 밑에서 수평으로 잰 뒤 2배 한다. |
| 5 | 허리둘레 | 허리 위치의 가장 들어간 위치에서 수평으로 잰 뒤 2배 한다. |
| 6 | 밑단둘레 | 베스트밑단의 둘레를 수평으로 잰 뒤 2배 한다. |
| 7 | 어깨길이 | 어깨솔기의 길이를 잰다. |
| 8 | 어깨가쪽점사이길이<br>(어깨너비) | 어깨가쪽점에서 목뒤점을 지나 어깨가쪽점 사이의 길이를 잰다 |
| 9 | 옆솔기길이 | 겨드랑점에서 밑단까지의 길이를 잰다. |
| 10 | 앞암홀둘레 | 앞암홀둘레의 길이를 잰다. |
| 11 | 뒤암홀둘레 | 뒤암홀둘레의 길이를 잰다. |
| 12 | 가슴주머니 폭, 길이 | 가슴주머니의 폭과 길이를 잰다. |
| 13 | 홑겹입술 폭, 길이 | 홑겹입술의 폭과 길이를 잰다. |

## 3) 베스트 제도에 필요한 용어 및 약어

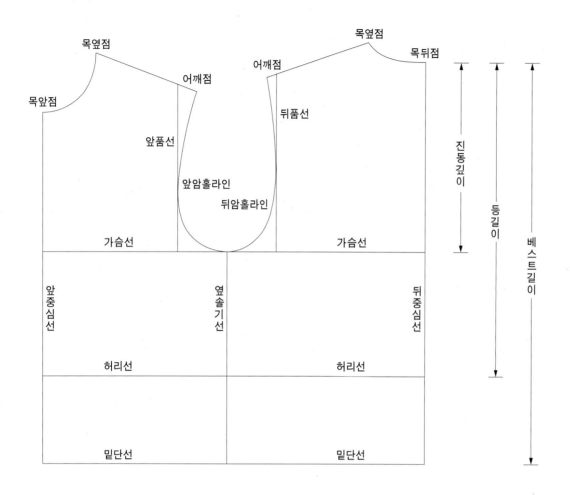

| 표준 용어 | 영어 | 약어 |
|---|---|---|
| 가슴선 | bust line | BL |
| 허리선 | waist line | WL |
| 옆솔기 | side seam | SS |
| 앞중심 | center front | CF |
| 뒤중심 | center back | CB |

# Vest

## 02 베스트 VEST

### 1) 베스트 제도에 필요한 치수

| 항목 | 신체치수 | 패턴치수 |
| --- | --- | --- |
| 어깨너비 | 44cm | 34.4cm |
| 가슴둘레 | 96cm | 100.4cm |
| 허리둘레 | 82cm | 91.7cm |
| 밑단둘레 | · | 96cm |
| 베스트길이 | · | 55cm |
| 등길이 | 44cm | 43cm |
| 진동깊이 | 19.6cm | 28cm |
| 뒤품/2 | 20.5cm | 16.3cm |
| 앞품/2 | 18.5cm | 14.7cm |

# 베스트

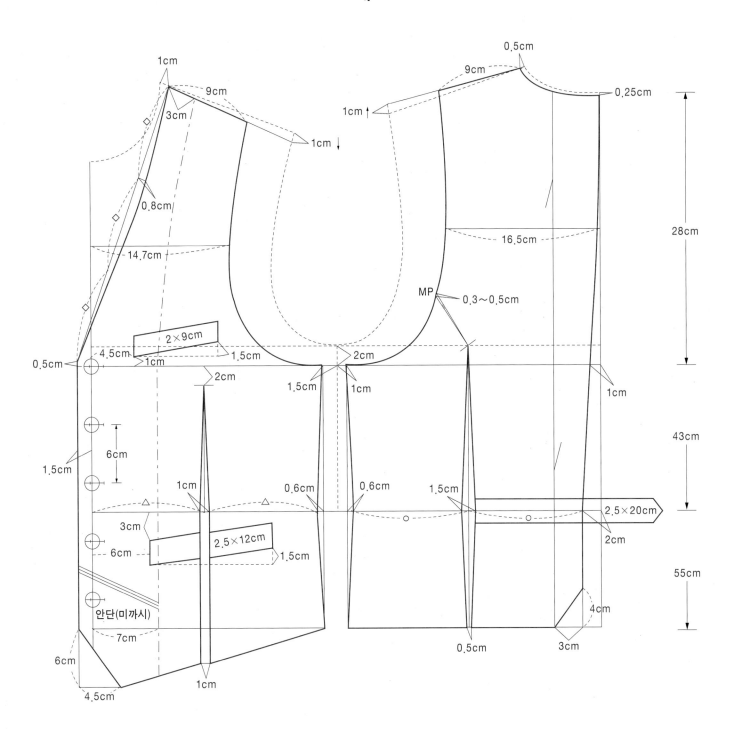

## 2) 베스트 뒷길 제도

■ 시추니 원형(여밈형) 뒷길을 이용하여 제도한다.

1  원형에서 2~3cm 내려 진동깊이 28~29cm를 정한다.

2  등길이는 43cm로 한다.

3  베스트 길이는 55cm로 한다.

4  원형 뒤어깨끝점에서 1cm를 올린다.

5  옆솔기선에서 1cm를 줄인다.

6  허리선에서 0.6cm 들어가 옆솔기선을 그린다.

7  목옆점에서 0.5cm 이동하고 목뒤점에서 0.25cm 내린다.

8  어깨길이 9cm를 정하고 뒤품/2(16.5cm)을 지나는 자연스러운 곡선으로 암홀라인을 그린다.

9  허리선에서 이등분점을 정하고 1.5cm 다트를 그린다.

10  암홀라인에서 0.3~0.5cm를 MP시킨다.

11  뒤중심 밑단에서 3cm 들어가고 4cm 올라가 완성한다(디자인에 따라 달라질 수 있다.).

12  허리선에서 길이 20cm, 폭 2.5cm의 허리비죠를 그린다.


## 3) 베스트 앞길 제도

■ 시추니 원형(여밈형) 앞길을 이용하여 제도한다.

1  원형 앞어깨끝점에서 1cm를 내린다.

2  옆솔기선에서 1.5cm를 줄인다.

3  허리선에서 0.6cm 들어가 옆솔기선을 그린다.

4  목옆점에서 1cm 이동한다(앞뒤 네크너비를 동일하게 제도한다.).

5  첫 번째 단추 위치를 정하고 6cm 간격으로 단추를 그린다.

6  첫 번째 단추에서 0.5cm 올라가 목옆점에서 1cm 이동한 점과 직선으로 연결한 후 3등분한 지점에서 0.8cm 들어가 자연스러운 네크라인을 완성한다.

7  앞어깨길이 9cm를 정하고 앞품 14.7cm에 맞추어 자연스러운 암홀라인을 그린다.

8  허리선에서 이등분점을 정하고 1cm 다트를 그린다.

9  앞중심선에서 4.5cm 떨어져 세로 2cm, 가로 9cm 크기의 웰트포켓(가슴주머니)을 그린다(이때, 사선으로 1.5cm 기울여 그린다.).

10  앞중심선에서 6cm, 허리선에서 3cm 떨어져 세로 2.5cm, 가로 12cm 크기의 홑겹입술(가다다마)을 그린다 (이때, 웰트포켓과 동일하게 사선으로 1.5cm 기울여 그린다.).

11  밑단라인에서 6cm 내려와 4.5cm 기울여 앞 밑단을 완성한다.

12  앞중심에서 7cm 목옆점에서 3cm 떨어져 안단을 그린다.

shawl collar vest

# 03 솔칼라 베스트 Shawl Collar Vest

## 1) 베스트 제도에 필요한 치수

| 항목 | 신체치수 | 패턴치수 |
|---|---|---|
| 어깨너비 | 44cm | 35.3cm |
| 가슴둘레 | 96cm | 99cm |
| 허리둘레 | 82cm | 91.7cm |
| 밑단둘레 | · | 96cm |
| 베스트길이 | · | 55cm |
| 등길이 | 44cm | 43cm |
| 진동깊이 | 19.6cm | 28cm |
| 뒤품/2 | 20.5cm | 17cm |
| 앞품/2 | 18.5cm | 15cm |

# 숄칼라 베스트

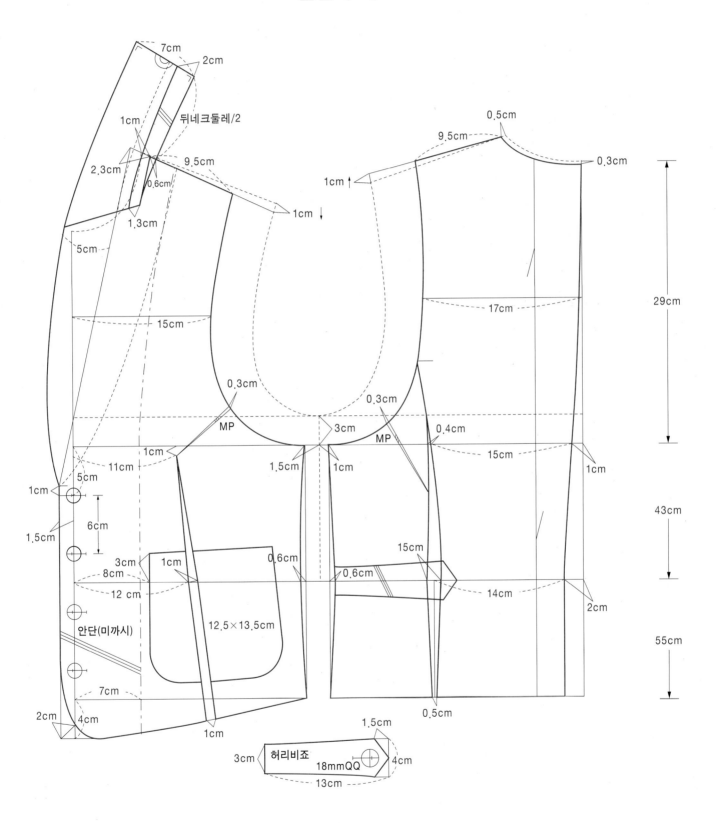

## 2) 숄칼라 베스트 뒷길 제도

■ 시추니 원형(여밈형) 뒷길을 이용하여 제도한다.

1 원형에서 2~3cm 내려 진동깊이 28~29cm를 정한다.

2 등길이는 43cm로 한다.

3 베스트길이는 55cm로 한다.

4 원형 뒤 어깨끝점에서 1cm를 올린다.

5 옆솔기선에서 1cm를 줄인다.

6 허리선에서 0.6cm 들어가 옆솔기선을 그린다.

7 목옆점에서 0.5cm 이동하고 목뒤점에서 0.3cm 내린다.

8 어깨길이 9.5cm를 정하고 뒤품/2=17cm를 지나는 자연스러운 곡선으로 암홀라인을 그린다.

9 허리선에서 14cm 나가 1.5cm 분량으로 뒤사이바라인을 그린다.

10 뒤옆길 암홀라인에서 0.3cm를 MP시킨다.

11 폭 3~4cm, 길이 13cm로 허리비죠를 그린다.


## 3) 숄칼라 베스트 앞길 제도

■ 시추니 원형(여밈형) 앞길을 이용하여 제도한다.

1 원형 앞어깨끝점에서 1cm를 내린다.

2 옆솔기선에서 1.5cm를 줄인다.

3 허리선에서 0.6cm 들어가 옆솔기선을 그린다.

4 목옆점에서 1cm 이동한다(앞뒤 네크너비를 동일하게 제도한다.).

5 가슴선에서 5cm 내려와 첫 번째 단추 위치를 정하고 6cm 간격으로 단추를 그린다.

6 첫 번째 단추에서 1cm 올라가 목옆점에서 2.3cm 나간 지점을 연결하여 꺾임선을 그린다.

7 숄칼라의 폭은 5~6cm를 기본으로 한다.

8 앞길의 숄칼라 부위를 절개하고 안단은 칼라 부위에 절개가 없도록 제도한다.

9 칼라 뒤중심의 폭은 7cm를 기본으로 한다.

10 칼라밴드 뒤 2cm, 앞 1.3cm 폭으로 절개하고 2버튼 재킷 칼라밴드와 동일하게 MP시켜 완성한다.

11 앞어깨길이 9.5cm를 정하고 앞품/2=15cm에 맞추어 자연스러운 암홀라인을 그린다.

12 앞중심선에서 11cm 떨어져 다트끝점을 정한 뒤, 허리선에서 12cm 떨어져 1cm 분량으로 다트를 그린다.

13 다트끝점에서 암홀라인으로 0.3cm를 MP시킨다.

14 앞중심선에서 8cm, 허리선에서 3cm 올라가 아웃포켓(가로 12.5×세로 13.5cm)을 완성한다.

15 밑단라인에서 4cm 내려와 자연스러운 곡선으로 앞밑단을 완성한다.

16 앞중심에서 7cm, 목옆점에서 3cm 떨어져 안단을 그린다.

CHAPTER **08**

# 코트

# 01 코트의 이해

## 1) 코트 각 부분 명칭

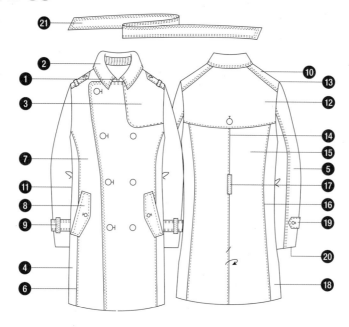

| 번호 | 명칭 | 영어 | 현장 용어 |
|------|------|------|-----------|
| 1 | 칼라밴드 | collar band | 바나나밴드 |
| 2 | 칼라 | collar | 카라 |
| 3 | 스톰플랩 | storm flap | 앞날개 |
| 4 | 앞옆길 | side panel | 앞사이바 |
| 5 | 소매 | sleeve | 소매 |
| 6 | 앞프린세스라인 | front princess line | 앞사이바라인 |
| 7 | 앞길 | front panel | 앞판 |
| 8 | 플랩포켓 | flap pocket | 후다 |
| 9 | 소매고리 | sleeve strap loop | 소매비죠고리 |
| 10 | 어깨요크 | shoulder reinforcement | 어깨요크 |
| 11 | 옆솔기 | side seam | 와끼 |
| 12 | 케이프백 | cape back | 뒤날개 |
| 13 | 소매산 | sleeve top | 소매산 |
| 14 | 뒤중심선 | center back line | 뒤중심선 |
| 15 | 뒷길 | back panel | 뒤판 |
| 16 | 뒤프린세스라인 | back princess line | 뒤사이바라인 |
| 17 | 벨트고리 | back strap loop | 벨트고리 |
| 18 | 뒤옆길 | side panel | 뒤사이바 |
| 19 | 커프 스트랩 | cuff strap | 소매비죠 |
| 20 | 소매밑단 | sleeve bottom | 소맷부리 |
| 21 | 벨트 | belt | 벨트 |

## 2) 코트 제품 치수 재는 부위 및 방법

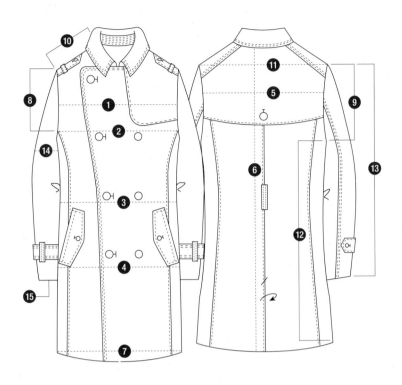

| 번호 | 항목 | 측정 방법 |
|---|---|---|
| 1 | 앞품 | 앞길 진동깊이의 중간 지점을 수평으로 잰다. |
| 2 | 가슴둘레 | 양 겨드랑점 밑에서 수평으로 잰 뒤 2배 한다. |
| 3 | 허리둘레 | 허리 위치의 가장 들어간 위치에서 수평으로 잰 뒤 2배 한다. |
| 4 | 엉덩이둘레 | 엉덩이 위치의 가장 나온 위치에서 수평으로 잰 뒤 2배 한다. |
| 5 | 뒤품 | 뒷길 진동깊이의 중간 지점을 수평으로 잰다. |
| 6 | 코트 길이 | 목뒤점에서 코트 밑단까지의 길이를 잰다. |
| 7 | 밑단둘레 | 코트 밑단의 둘레를 수평으로 잰 뒤 2배 한다. |
| 8 | 앞암홀둘레 | 앞암홀둘레의 길이를 잰다. |
| 9 | 뒤암홀둘레 | 뒤암홀둘레의 길이를 잰다. |
| 10 | 어깨길이 | 어깨솔기의 길이를 잰다. |
| 11 | 어깨가쪽점사이길이<br>(어깨너비) | 어깨가쪽점에서 목뒤점을 지나 어깨가쪽점 사이의 길이를 잰다. |
| 12 | 옆솔기길이 | 겨드랑점에서 밑단까지의 길이를 잰다. |
| 13 | 소매길이 | 소매산에서 소매 밑단까지의 길이를 잰다. |
| 14 | 소매통둘레 | 겨드랑점에서 소매 중심까지 수평으로 잰 뒤 2배 한다. |
| 15 | 소맷부리둘레 | 소맷부리둘레를 수평으로 잰 뒤 2배 한다. |

## 3) 코트 제도에 필요한 용어 및 약어

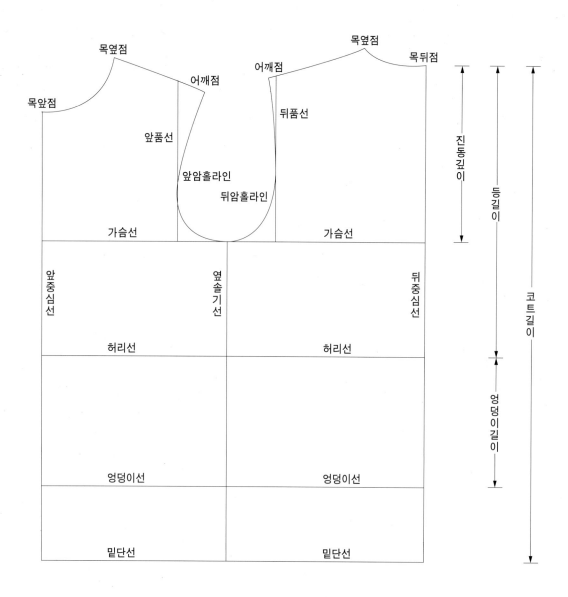

| 표준 용어 | 영어 | 약어 |
|---|---|---|
| 가슴선 | bust line | BL |
| 허리선 | waist line | WL |
| 엉덩이선 | hip line | HL |
| 옆솔기 | side seam | SS |
| 앞중심 | center front | CF |
| 뒤중심 | center back | CB |

# Classic Coat

## 02 클래식 코트 Classic Coat

### 1) 코트 제도에 필요한 치수

| 항목 | 신체치수 | 패턴치수 |
|---|---|---|
| 어깨너비 | 44cm | 46cm |
| 가슴둘레 | 96cm | 106cm |
| 허리둘레 | 82cm | 94.5cm |
| 엉덩이둘레 | 95cm | 107cm |
| 코트길이 | · | 83cm |
| 등길이 | 44cm | 43cm |
| 진동깊이 | 19.6cm | 26.5cm |
| 소매길이 | 59cm | 64cm |
| 팔꿈치길이 | 33.8cm | 34cm |
| 소매통둘레 | 30.2cm | 39cm |
| 소맷부리 | 16.5cm | 29cm |
| 뒤품/2 | 20.5cm | 21.5cm |
| 앞품/2 | 18.5cm | 19.3cm |

# 클래식 코트

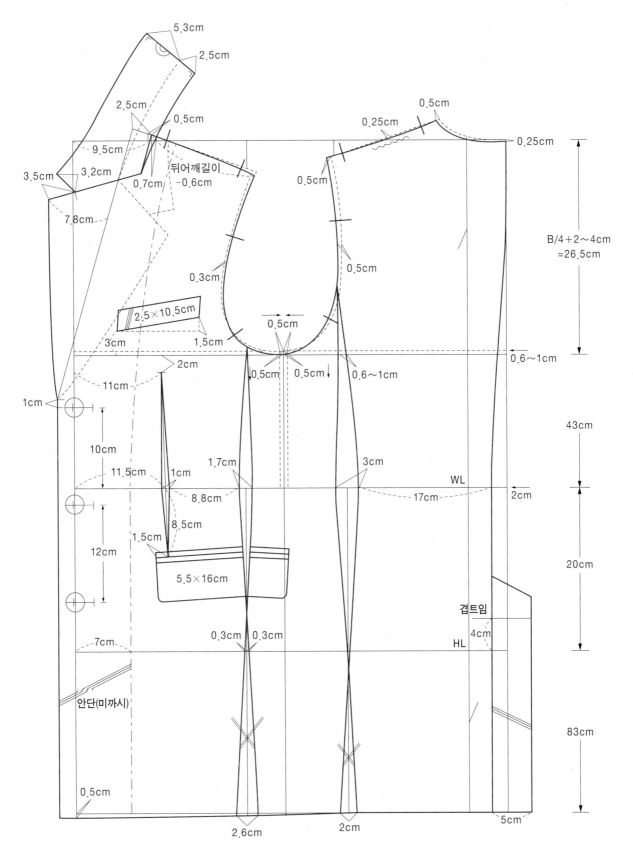

5.3cm
2.5cm
2.5cm
0.5cm
9.5cm
3.5cm  3.2cm
뒤어깨길이 −0.6cm
0.7cm
7.8cm
0.3cm
2.5×10.5cm
3cm  1.5cm
2cm
11cm
1cm
10cm
11.5cm  1cm
8.8cm
8.5cm
1.5cm
12cm
5.5×16cm
7cm
안단(미까시)
0.5cm
2.6cm
2cm

0.5cm
0.25cm
0.25cm
0.5cm
0.5cm

B/4+2∼4cm
=26.5cm

0.6∼1cm
0.5cm  0.5cm  0.6∼1cm
0.5cm
1.7cm  3cm
WL  17cm  2cm
0.3cm  0.3cm
겹트임
4cm
HL
5cm

43cm

20cm

83cm

## 2) 클래식 코트 뒷길 제도

■ 시추니 원형(오픈형) 뒷길을 이용하여 제도한다.

1  4~6mm 패드를 기본으로 한다.

2  진동깊이: B/4+2~4cm=26.5cm(원형에서 0.5cm 내린다.)

3  등길이는 43cm로 한다.

4  엉덩이길이는 20cm로 한다.

평균 등길이 44cm에서 1cm 올려 제도했으므로 엉덩이길이를 20cm로 제도한다.

5  옆솔기선에서 0.5cm 늘려 제도한다(B/4+여유=28.5cm).

6  허리선에서 2cm 들어가 밑단까지 수직으로 내리고 위쪽은 자연스러운 곡선으로 제도한다.

7  목옆점에서 0.5cm 들어가고 목뒤점에서 0.25cm 내린다.

8  어깨끝점에서 0.5cm 뒤품에서 0.5cm 나가 자연스러운 암홀라인을 완성한다.

9  허리선에서 17cm 떨어져 3cm 다트로 뒤절개선을 그린다(이때, 상동선에서 0.6~1cm 떨어져 그린다.).

10  엉덩이선에서 4cm 올라와 겹트임 위치를 표기한다.

11  겹트임 분량은 5cm를 기본으로 제도한다.


## 3) 클래식 코트 앞길 제도

■ 시추니 원형(오픈형) 앞길을 이용하여 제도한다(싱글 3버튼 재킷 제도 참고)

1  진동깊이: B/4+2~4cm=26.5cm(원형에서 0.5cm 내린다.)

2  옆솔기선에서 0.5cm 늘려 제도한다(B/4+여유=26.5cm).

3  디자인 의도에 따라 옆솔기선은 골선으로 제도한다.

4  목옆점에서 0.5cm 들어간 후 뒤어깨길이-0.6cm 하여 앞어깨길이를 정한다.

5  앞품에서 0.3cm 나가 자연스러운 암홀라인을 그린다.

6  가슴선에서 3cm 올라가 폭 2.5cm, 길이 10.5cm 크기로 웰트포켓을 그린다(이때 암홀 쪽으로 1.5cm 사선으로 그린다.).

7  허리선에서 10cm 올라가 첫번재 단추 위치를 정하고 12cm 간격으로 단추 위치를 표기한다.

8  앞중심에서 11.5cm 떨어져 1cm 다트를 그린 후 허리선에서 8.5cm 내려와 플랩(5.5×16cm)을 그린다.

9  앞다트 허리선에서 8.8cm 떨어져 1.7cm 다트로 앞절개선을 그린다.

10  라펠과 칼라의 크기와 위치는 디자인 의도에 따라 달라진다.

11  칼라의 제도 방법은 2버튼 재킷과 동일하다.

12  밑단 앞중심에서 0.5cm 앞내림분을 주어 자연스러운 밑단 라인을 완성한다.

13  앞중심에서 7cm, 목옆점에서 3cm 떨어져 안단(미까시) 표기를 한다.

## 4) 코트 소매의 제도

### (1) 소매 원형의 기초선 제도

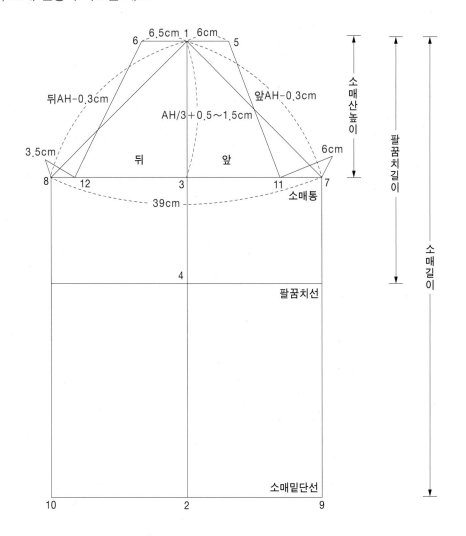

**1~2** 소매길이는 64cm을 기본으로 한다.

**1~3** 소매산 높이는 앞뒤 AH/3 +0.5~1.5cm=19.1cm

**1~4** 팔꿈치길이는 점 1에서 34cm를 기본으로 한다.

**5** 점 1에서 6cm 나간 지점을 기본으로 한다.

**6** 점 1에서 6.5cm 나간 지점을 기본으로 한다.

**1~7** 앞암홀길이-0.3~1cm(소새에 따라 오그림분을 달리한나.)

**1~8** 뒤암홀길이-0.3~1cm(소재에 따라 오그림분을 달리한다.)

**7~8** 소매통둘레 39cm를 기본으로 한다.

**9** 점 7의 수직선과 점 2의 수평선의 교차점

**10** 점 8의 수직선과 점 2의 수평선의 교차점

**11** 점 7에서 6cm 들어간 지점(몸판의 진동 두께에 따라 그 수치는 변화된다.)

**12** 점 8에서 3.5cm 들어간 지점

**5~11, 6~12** 직선으로 연결한다.

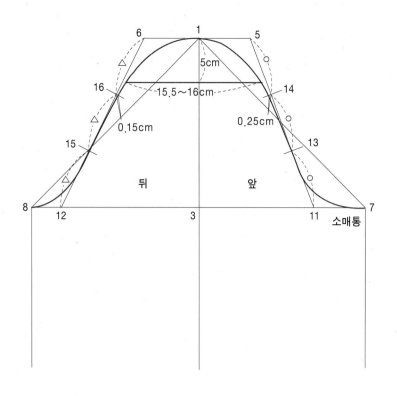

## (2) 앞소매둘레의 완성

**13, 14**  점 5~11을 3등분한 지점

**7~13**  코트 앞길의 암홀라인을 이용하여 제도한다.

**1~13**  점 14에서 0.25cm 들어가 그림과 같이 자연스럽게 연결한다.

## (3) 뒤소매둘레의 완성

**15, 16**  점 6~12를 3등분한 지점

**8~15**  코트 뒷길의 암홀라인을 이용하여 제도한다.

**1~15**  점 16에서 0.15cm 들어가 그림과 같이 자연스럽게 연결한다.

• 소매 위통둘레(소매하바)는 점 1에서 5cm 내려와 15.5~16cm를 기본으로 한다.

## (4) 앞절개선의 위치와 완성

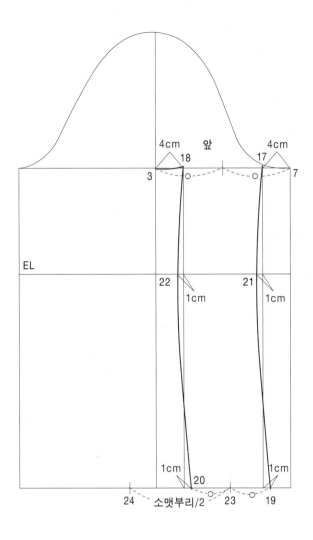

17 점 7에서 4cm 들어가 앞암홀둘레선까지 올라간 지점

18 점 3과 7을 이등분으로 접은 후 점 7~17까지의 대칭되는 곡선의 지점

19 점 17에서 수직으로 내려 1cm 나간 지점

20 점 18에서 수직으로 내려 1cm 나간 지점

21 점 17과 점 19 사이의 팔꿈치선에서 1cm 들어간 지점

22 점 18과 점 20 사이의 팔꿈치선에서 1cm 들어간 지점

**17~21~19, 18~22~20**  그림과 같이 자연스러운 곡선으로 연결한다.

23 점 19와 점 20의 이등분 지점

24 점 23에서 소맷부리/2=14.5cm

## (5) 뒤절개선과 소맷부리의 완성

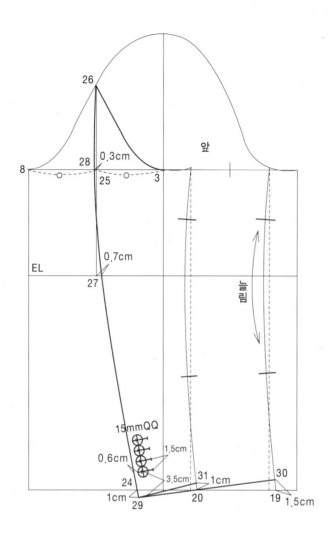

**25** 점 3과 점 8을 이등분한 지점

**26** 점 25에서 소매 완성선까지 수직선으로 연장한 지점

**3~26** 점 3과 8의 이등분점 점 25를 중심으로 접은 후 점 8~26까지의 대칭되는 곡선

**27** 점 25에서 팔꿈치선까지 수직선으로 내려 0.7cm 들어간 지점

**28** 점 25에서 0.2~0.3cm 나간 지점

**26~28~27~24** 그림과 같이 자연스럽게 연결한다.

**29** 점 24에서 1cm 연장한 지점

**30** 점 19에서 1.5cm 올린 지점

**31** 점 20에서 1cm 올린 지점

**29~30, 29~31** 직선에 가까운 곡선으로 연결한다.

- 밑단에서 3.5cm 떨어져 1.5cm 간격으로 15mm QQ 표시를 한다.

- 팔꿈치선을 중심으로 큰 소매부분의 앞은 소재에 따라 0.5~1cm 짧게 하여 늘려 봉제한다.

# 클래식 코트 소매

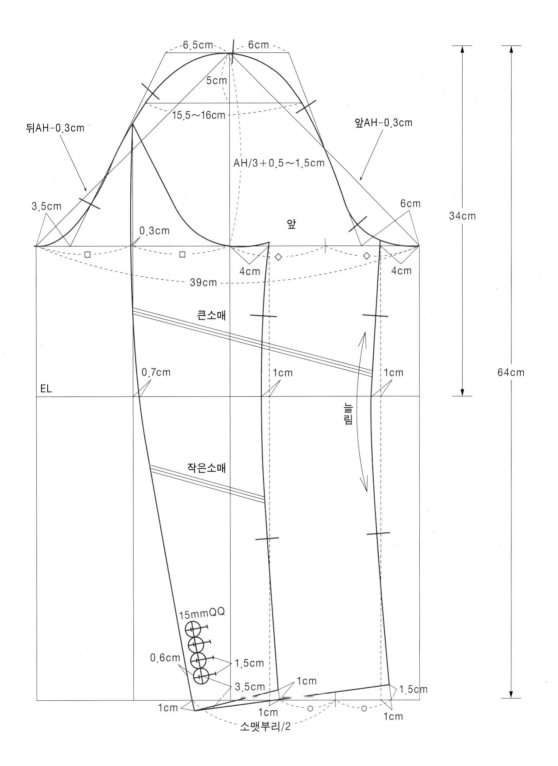

6.5cm 6cm

5cm

15.5~16cm

뒤AH-0.3cm

앞AH-0.3cm

AH/3+0.5~1.5cm

3.5cm

6cm

앞

34cm

0.3cm

4cm

4cm

39cm

큰소매

0.7cm

1cm

1cm

EL

늘림

작은소매

15mmQQ

0.6cm

1.5cm

3.5cm

1cm

1.5cm

1cm

1cm

1cm

64cm

소맷부리/2

# Double Six
# Buttons Coat

**03** 더블 6버튼 코트 Double Six Buttons Coat

## 1) 코트 제도에 필요한 치수

| 항목 | 신체치수 | 패턴치수 |
|---|---|---|
| 어깨너비 | 44cm | 46cm |
| 가슴둘레 | 96cm | 106cm |
| 허리둘레 | 82cm | 94cm |
| 엉덩이둘레 | 95cm | 108cm |
| 코트길이 | · | 88cm |
| 등길이 | 44cm | 43cm |
| 진동깊이 | 19.6cm | 26.5cm |
| 소매길이 | 59cm | 64cm |
| 팔꿈치길이 | 33.8cm | 34cm |
| 소매통둘레 | 30.2cm | 39cm |
| 소맷부리 | 16.5cm | 29cm |
| 뒤품/2 | 20.5cm | 21.5cm |
| 앞품/2 | 18.5cm | 19cm |

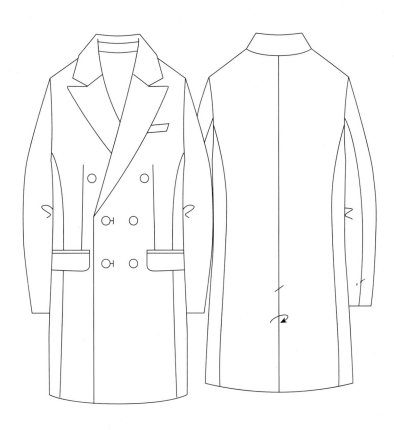

# 더블 6버튼 코트

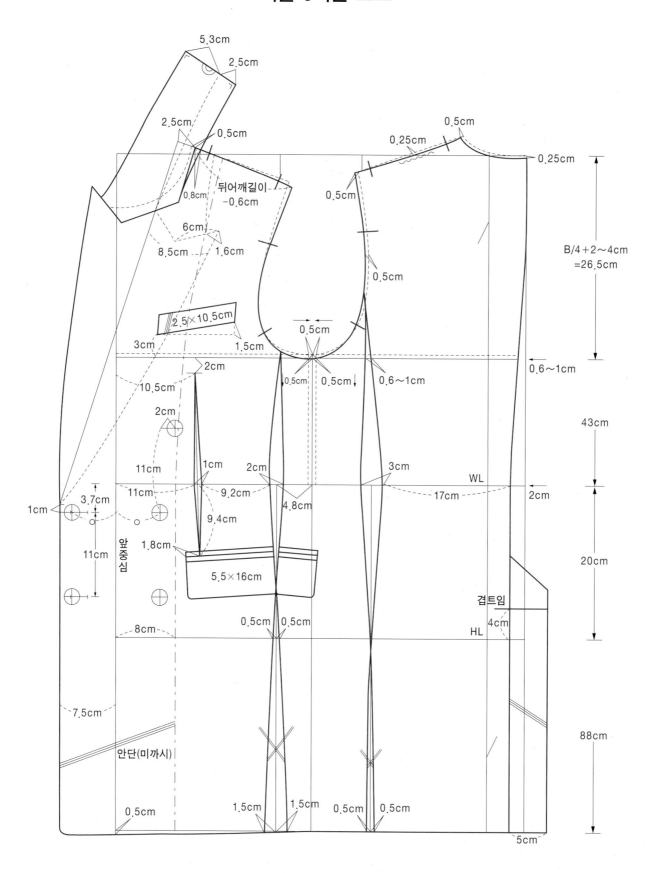

## 2) 더블 6버튼 코트 뒷길 제도

■ 시추니 원형(오픈형) 뒷길을 이용하여 제도한다.

1   4~6mm 패드를 기본으로 한다.

2   진동깊이: B/4+2~4cm=26.5cm(원형에서 0.5cm 내린다.)

3   등길이는 43cm, 엉덩이 길이 20cm로 한다.

4   옆솔기선에서 0.5cm 늘려 제도한다(B/4+여유=28.5cm).

5   허리선에서 2cm 들어가 밑단까지 수직으로 내리고 위쪽은 자연스러운 곡선으로 제도한다.

6   목옆점에서 0.5cm 들어가고 목뒤점에서 0.25cm 내린다.

7   어깨끝점에서 0.5cm 뒤품에서 0.5cm 나가 자연스러운 암홀라인을 완성한다.

8   허리선에서 17cm 떨어져 3cm 다트로 뒤절개선을 그린다(이때 상동선에서 0.6~1cm 떨어져 그린다.).

9   엉덩이선에서 4cm 올라와 겹트임 위치를 표기한다.

10   겹트임 분량은 5cm를 기본으로 제도한다.


## 3) 더블 6버튼 코트 앞길 제도

■ 시추니 원형(오픈형) 앞길을 이용하여 제도한다.

1   진동깊이: B/4+2~4cm=26.5cm(원형에서 0.5cm 내린다.)

2   옆솔기선에서 0.5cm 늘려 제도한다(B/4+여유=26.5cm).

3   디자인 의도에 따라 옆솔기선은 골선으로 제도한다.

4   목옆점에서 0.5cm 들어간 후 뒤어깨길이-0.6cm 하여 앞어깨길이를 정한다.

5   어깨점에서 앞품을 지나 자연스러운 암홀라인을 그린다.

6   가슴선에서 3cm 올라가 폭 2.5cm 길이 10.5cm 크기로 웰트포켓을 그린다(이때 암홀 쪽으로 1.5cm 사선으로 그린다.).

7   앞중심에서 7.5cm 나가 더블 분량을 그린다.

8   허리선에서 3.7cm 내려와 단추 위치를 정하고 단추 간격은 11cm 떨어져 그린다.

9   라펠과 칼라의 크기는 디자인 의도에 따라 달라진다.

10   앞중심 허리선에서 11cm 떨어져 1cm 다트를 그린다.

11   앞다트 허리선에서 9.2cm 떨어져 2cm 다트로 앞절개선을 그린다.

12   허리선에서 9.4cm 내려와 플랩(5.5cm×16cm)을 그린다.

13   밑단 앞중심에서 0.5cm 앞내림분을 주어 자연스러운 밑단 라인을 완성한다.

14   앞중심에서 8cm, 목옆점에서 4cm 떨어져 안단(미까시) 표기를 한다.

# Double Eight
# Buttons Coat

## 1) 코트 제도에 필요한 치수

| 항목 | 신체치수 | 패턴치수 |
|---|---|---|
| 어깨너비 | 44cm | 45cm |
| 가슴둘레 | 96cm | 105.5cm |
| 허리둘레 | 82cm | 94cm |
| 엉덩이둘레 | 95cm | 108cm |
| 코트길이 | . | 80cm |
| 등길이 | 44cm | 43cm |
| 진동깊이 | 19.6cm | 26.5cm |
| 소매길이 | 59cm | 64cm |
| 팔꿈치길이 | 33.8cm | 34cm |
| 소매통둘레 | 30.2cm | 38cm |
| 소맷부리 | 16.5cm | 28cm |
| 뒤품/2 | 20.5cm | 21.5cm |
| 앞품/2 | 18.5cm | 19cm |

# 더블 8버튼 코트

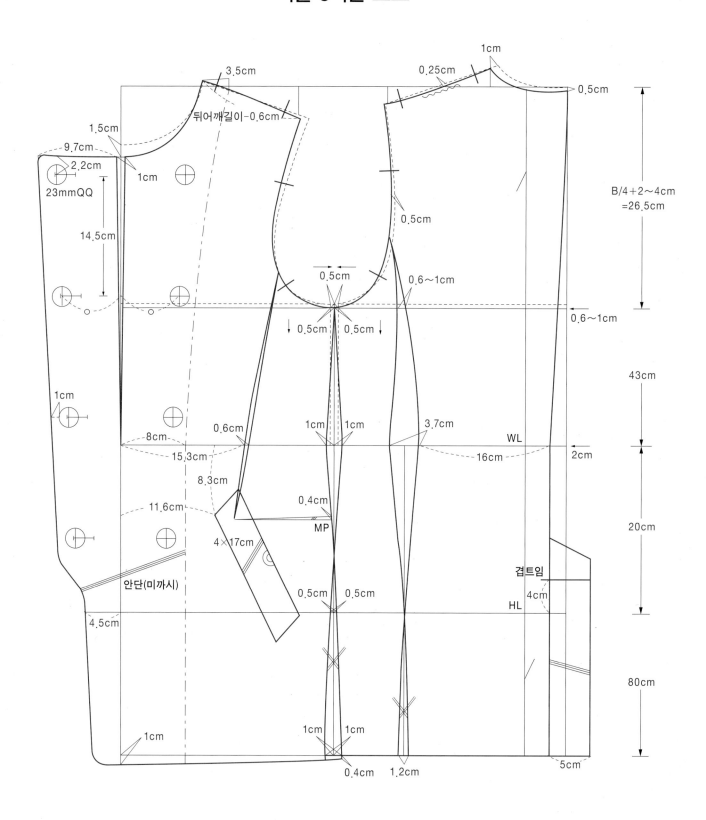

## 2) 더블 8버튼 코트 뒷길 제도

■ 시추니 원형(오픈형) 뒷길을 이용하여 제도한다.

1   4~6mm 패드를 기본으로 한다.

2   진동깊이: B/4+2~4cm=26.5cm(원형에서 0.5cm 내린다.)

3   등길이 43cm로 한다.

4   엉덩이길이 20cm로 한다.

5   옆솔기선에서 0.5cm 늘려 제도한다(B/4+여유=28.5cm).

6   허리선에서 2cm 들어가 밑단까지 수직으로 내리고 위쪽은 자연스러운 곡선으로 제도한다.

7   목옆점에서 1cm 들어가고 목뒤점에서 0.5cm 내린다.

8   뒤품에서 0.5cm 나가 자연스러운 암홀라인을 완성한다.

9   허리선에서 16cm 떨어져 3.7cm 다트로 뒤절개선을 그린다(이때, 상동선에서 0.6~1cm 떨어져 그린다.).

10   허리선에서 1cm 들어가고 엉덩이선에서 0.5cm, 밑단선에서 1cm 나가 옆솔기선을 완성한다.

11   엉덩이선에서 4cm 올라와 겹트임 위치를 표기한다.

12   겹트임 분량은 5cm를 기본으로 제도한다.


## 3) 더블 8버튼 코트 앞길 제도

■ 시추니 원형(오픈형) 앞길을 이용하여 제도한다.

1   진동깊이: B/4+2~4cm=26.5cm(원형에서 0.5cm 내린다.)

2   옆솔기선에서 0.5cm 늘려 제도한다(B/4+여유=26.5cm).

3   뒤어깨길이-0.6cm 하여 앞어깨길이를 정한다.

4   어깨점에서 앞품을 지나 자연스러운 암홀라인을 그린다.

5   앞목점에서 1.5cm 내려 네크라인을 그린다.

6   디자인 의도에 따라 앞중심에 1cm 다트를 허리선까지 직선으로 그린다.

7   앞중심에서 9.7cm, 엉덩이선에서 4.5cm 더블 분량을 그린다.

8   2.2cm 떨어져 첫 번째 단추 위치를 그리고 14.5cm 간격으로 단추 위치를 표기한다.

9   허리선에서 8.3cm, 앞중심에서 11.6cm 떨어져 웰트포켓(4cm×17cm)을 그린다.

10   허리선에서 1cm가 들어가고 엉덩이선에서 0.5cm, 밑단선에서 1cm 나가 옆솔기선을 완성한다.

11   앞중심 허리선에서 15.3cm 떨어져 0.6cm 다트로 사이바 라인을 그린다.

12   옆솔기선에서 0.4cm MP시켜 사이바라인의 시접을 확보한다.

13   밑단 옆솔기선에서 0.4cm 내려와 뒤 옆솔기선 길이와 동일하게 제도하고 앞내림분 1cm를 주어 자연스러운 밑단라인을 완성한다.

14   앞중심에서 8cm, 목옆점에서 3.5cm 떨어져 안단(미까시) 표기를 한다.

## 4) 칼라의 제도

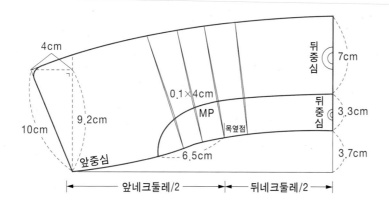

1 앞뒤 네크둘레/2를 측정한다.

2 3.7cm 올라가 자연스러운 곡선으로 밑단둘레를 완성한다.

3 디자인 의도에 따라 칼라 뒤중심의 폭 10.3cm와 앞 10cm 폭을 정한다.

4 목옆점에서 6.5cm, 칼라밴드 폭 3.3cm에 맞추어 칼라밴드를 그린다.

5 디자인 의도에 따라 0.3~0.6cm MP시켜 칼라와 칼라밴드를 완성한다.


## 5) 네크비죠와 어깨견장 제도

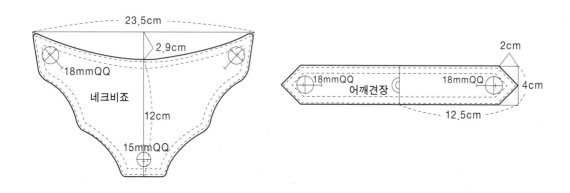

1 디자인에 따라 네크비죠 23.5cm 폭에서 2.9cm 내려와 12cm 폭으로 제도한다.

2 위는 18mm QQ를 표기하고 아래는 15mmQQ를 그린다.

3 끝+1/4 스티치로 네크비죠를 완성한다.

4 어깨견장은 폭 4cm, 길이 12.5cm로 그린다.

5 골선으로 제도하고 양쪽에 18m/mQQ를 그린다.

6 끝+1/4 스티치로 어깨견장을 완성한다.

# Balmacaan Coat

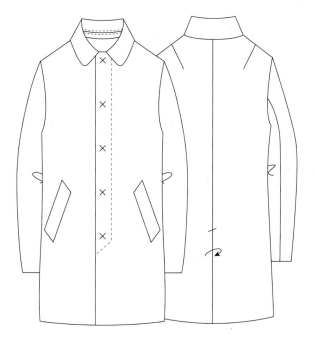

# 05ⓒ 발마칸 코트 BALMACAAN COAT

## 1) 코트 제도에 필요한 치수

| 항목 | 신체치수 | 패턴치수 |
|---|---|---|
| 어깨너비 | 44cm | 46cm |
| 가슴둘레 | 96cm | 110cm |
| 허리둘레 | 82cm | 106cm |
| 엉덩이둘레 | 95cm | 108.5cm |
| 코트길이 | · | 90cm |
| 등길이 | 44cm | 43cm |
| 진동깊이 | 19.6cm | 26.5cm |
| 소매길이 | 59cm | 64cm |
| 팔꿈치길이 | 33.8cm | 34cm |
| 소매통둘레 | 30.2cm | 39cm |
| 소맷부리 | 16.5cm | 29cm |
| 뒤품/2 | 20.5cm | 22cm |
| 앞품/2 | 18.5cm | 19.4cm |

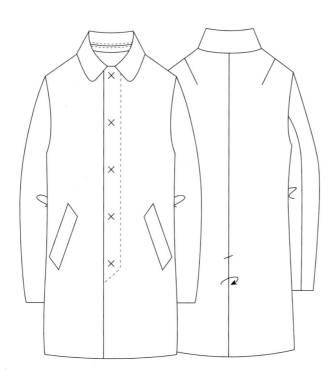

# 발마칸 코트

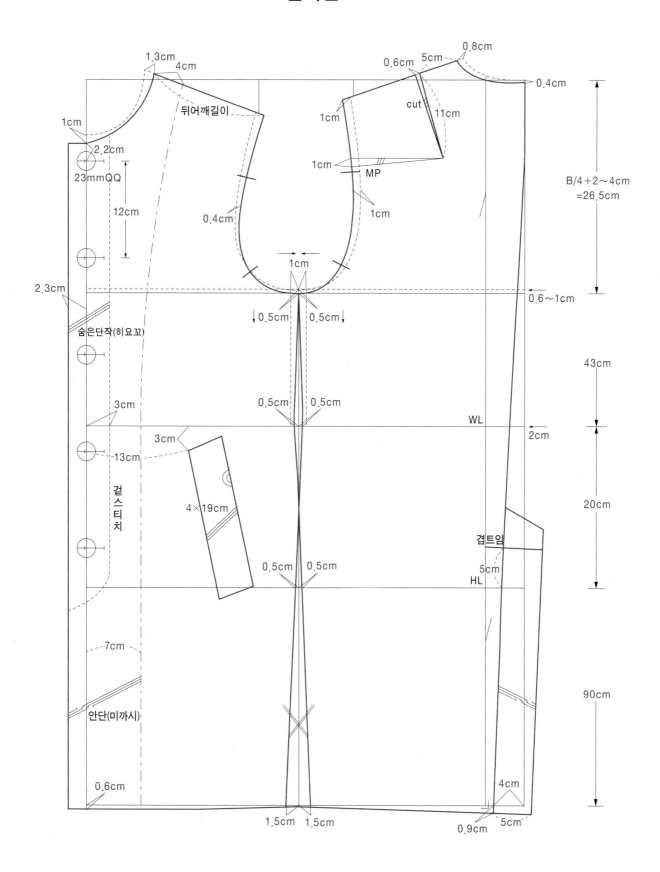

## 2) 발마칸 코트 뒷길 제도

■ 시추니 원형(여밈형) 뒷길을 이용하여 제도한다.

1  진동깊이: B/4+2~4cm=26.5cm(원형에서 0.5cm 내린다.)

2  등길이는 43cm로 한다.

3  엉덩이길이는 20cm로 한다.

4  옆솔기선에서 1cm 늘려 제도한다(B/4+여유=29cm).

5  허리선에서 2cm, 밑단에서 4cm 들어가 직선으로 긋고 위쪽은 자연스러운 곡선으로 제도한다(이때 밑단선
   이 직각이 되도록 0.9cm 내린다.).

6  목옆점에서 0.8cm 들어가고 목뒤점에서 0.4cm 내린다.

7  어깨끝점에서 1cm, 뒤품에서 1cm 나가 자연스러운 암홀라인을 완성한다.

8  허리선에서 0.5cm 들어가고 엉덩이선에서 0.5cm, 밑단선에서 1.5cm 나가 옆솔기선을 완성한다.

9  목옆점에서 5cm 떨어져 11cm 길이로 0.6cm 자르고 암홀에서 1cm MP시킨다.

10  엉덩이선에서 5cm 올라와 겹트임 위치를 표기한다.

11  겹트임 분량은 5cm를 기본으로 제도한다.


## 3) 발마칸 코트 앞길 제도

■ 시추니 원형(여밈형) 앞길을 이용하여 제도한다.

1  진동깊이: B/4+2~4cm=26.5cm(원형에서 0.5cm 내린다.)

2  옆솔기선에서 1cm 늘려 제도한다(B/4+여유=27cm).

3  목옆점에서 1.3cm 들어간다(앞뒤 네크너비를 동일하게 제도한다.).

4  뒤어깨길이와 동일하게 앞어깨길이를 정한다.

5  앞품에서 0.4cm 나가 자연스러운 암홀라인을 그린다.

6  허리선에서 0.5cm 들어가고 엉덩이선에서 0.5cm, 밑단선에서 1.5cm 나가 옆솔기선을 완성한다.

7  목앞점에서 1cm 내려 네크라인을 그린다(이때 네크라인이 너무 둥글지 않게 Y 형태가 되도록 그린다.).

8  앞중심에서 여밈분 2.3cm를 그린다.

9  네크 앞중심에서 2.2cm 떨어져 첫 번째 단추 위치를 정하고 12cm 간격으로 단추 위치를 표기한다(단추는
   숨은 단추로 작업한다.).

10  앞중심에서 3cm 떨어져 스티치를 표기하고 숨은 단작(히요꼬)으로 작업한다(소재가 두꺼울 경우, 히요꼬
    부분은 겉감보다 얇은 소재의 배색을 포인트로 사용한다.).

11  허리선에서 3cm, 앞중심에서 13cm 떨어져 웰트포켓(4cm×19cm)을 그린다.

12  앞내림분 0.6cm를 주어 자연스러운 밑단라인을 완성한다.

13  앞중심에서 7cm, 목옆점에서 4cm 떨어져 안단(미까시) 표기를 한다.

## 4) 칼라의 제도

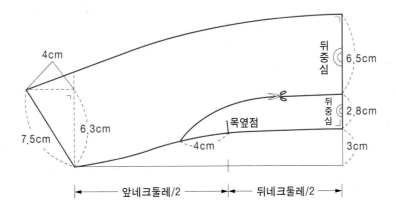

**1**  앞뒤 네크둘레/2를 측정한다.

**2**  3cm 올라가 자연스러운 곡선으로 밑단둘레를 완성한다.

**3**  디자인 의도에 따라 칼라 뒤중심의 폭 9.3cm와 앞폭 7.5cm을 정한다.

**4**  목옆점에서 4cm, 칼라밴드 폭 2.8cm에 맞추어 칼라밴드를 그린다.

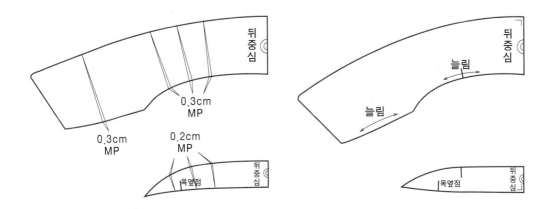

**5**  칼라와 칼라밴드를 분리한 후 칼라밴드 0.6cm, 칼라 0.9cm MP시킨다.

**6**  칼라 앞부분을 0.3cm MP시켜 늘려 봉제한다.

**7**  소재에 따라 칼라밴드보다 칼라를 짧게 하여 늘려 봉제한다(이는 꺾이는 현상을 방지하기 위함이다.).

# Pea Coat

## 06 피코트 PEA COAT

### 1) 코트 제도에 필요한 치수

| 항목 | 신체치수 | 패턴치수 |
|---|---|---|
| 어깨너비 | 44cm | 45cm |
| 가슴둘레 | 96cm | 105.7cm |
| 허리둘레 | 82cm | 96cm |
| 엉덩이둘레 | 95cm | 106cm |
| 코트길이 | . | 90cm |
| 등길이 | 44cm | 43cm |
| 진동깊이 | 19.6cm | 27cm |
| 소매길이 | 59cm | 64cm |
| 팔꿈치길이 | 33.8cm | 34cm |
| 소매통둘레 | 30.2cm | 39cm |
| 소맷부리 | 16.5cm | 29cm |
| 뒤품/2 | 20.5cm | 22cm |
| 앞품/2 | 18.5cm | 19.5cm |

# 피코트

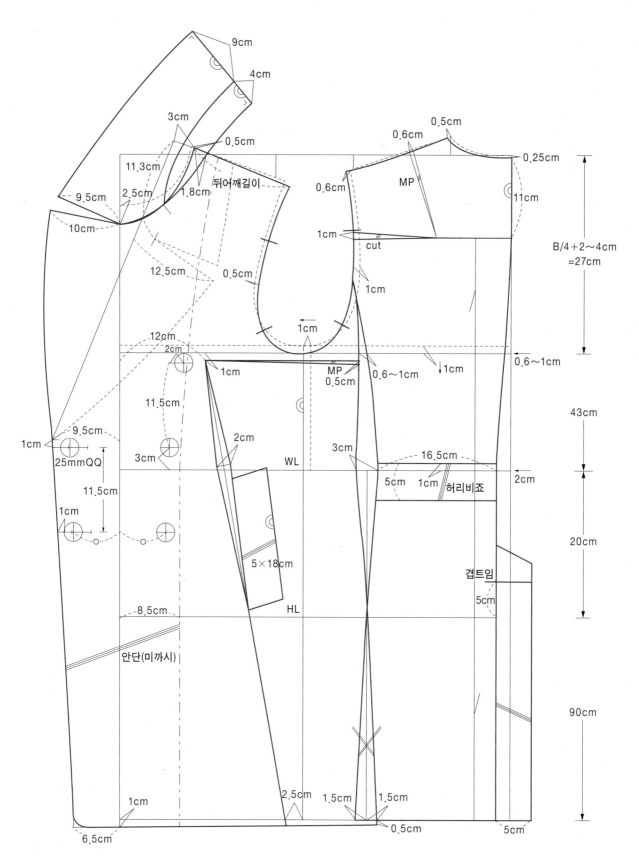

## 2) 피코트 뒷길 제도

■ 시추니 원형(오픈형) 뒷길을 이용하여 제도한다.

**1** 4~6mm 패드를 기본으로 한다.

**2** 진동깊이: B/4+2~4cm=27cm(원형에서 1cm 내린다.)

**3** 등길이 43cm로 한다.

**4** 엉덩이길이 20cm로 한다.

**5** 옆솔기선에서 1cm 늘려 제도한다(B/4+여유=29cm).

**6** 목옆점에서 0.5cm 들어가고 목뒤점에서 0.25cm 내린다.

**7** 어깨끝점에서 0.6cm 뒤품에서 1cm 나가 자연스러운 암홀라인을 완성한다.

**8** 목뒤점에서 11cm 내려 요크선을 그린 후 어깨에서 0.6cm MP시키고 암홀에서 1cm 자른다.

**9** 허리선에서 2cm 들어가 밑단까지 수직으로 내리고 요크선까지 자연스러운 곡선으로 제도한다.

**10** 허리선에서 16.5cm 떨어져 3cm 다트로 뒤절개선을 그린다(이때 상동선에서 0.6~1cm 떨어져 그린다.).

**11** 허리선에서 1cm 올라가 5cm 폭으로 허리비죠를 그린다.

**12** 엉덩이선에서 5cm 올라와 겹트임 위치를 표기한다.

**13** 겹트임분량은 5cm를 기본으로 제도한다.


## 3) 피코트 앞길 제도

■ 시추니 원형(오픈형) 앞길을 이용하여 제도한다.

**1** 진동깊이: B/4+2~4cm=27cm(원형에서 1cm 내린다.)

**2** B/4+여유=26cm(원형 그대로 사용한다.)

**3** 디자인 의도에 따라 옆솔기선은 골선으로 제도한다.

**4** 목옆점에서 0.5cm 들어간 후 뒤어깨길이와 동일하게 앞어깨길이를 정한다.

**5** 앞품에서 0.5cm 나가 자연스러운 암홀라인을 그린다.

**6** 앞중심에서 9.5cm 밑단에서 6.5cm 떨어져 더블 분량을 그린다.

**7** 허리선에서 3cm 올라가 단추 위치를 정하고 11.5cm 떨어져 위아래 단추를 그린다.

**8** 단추 위치에서 1cm 올라가고 목옆점에서 3cm 떨어져 꺾임선을 그린다(칼라밴드의 폭이 커짐에 따라 꺾임선의 위치가 달라진다.).

**9** 칼라와 라펠의 크기와 위치는 디자인 의도에 따라 달라진다.

**10** 칼라의 제도 방법은 2버튼 재킷과 동일하고, 다만 칼라 폭의 영향으로 칼라의 눕힘은 목옆점에서 1.8cm 위치에 곡선으로 제도한다.

**11** 앞중심에서 12cm, 밑단 옆솔기선에서 2.5cm 떨어져 밑단까지 직선으로 연장한 후, 2cm 다트를 그린다(이때 가슴선에서 1cm 떨어져 다트시작위치를 정한다.).

**12** 앞다트 밑단까지의 시접을 확보하기 위하여 뒤절개선에서 0.5cm MP시킨다.

**13** 밑단 뒤절개선에서 0.5cm 내려온 후 앞내림분 1cm를 주어 자연스러운 밑단라인을 완성한다.

**14** 홑입술(하꼬) 폭 5cm, 길이 18cm를 그린다.

**15** 앞중심에서 8.5cm, 목옆점에서 3.5cm 떨어져 안단(미까시) 표기를 한다.

**16** 전체 1cm 폭으로 아나이도 스티치로 봉제한다.

## 4) 칼라의 제도

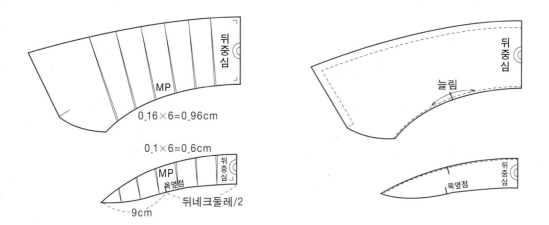

**1**  제도한 칼라와 칼라밴드를 분리한 후 칼라밴드 0.6cm, 칼라 0.96cm MP시킨다.

**2**  칼라밴드보다 칼라를 0.3∼0.5cm 짧게 제도한 후 칼라를 늘려 봉제하여 꺾이는 현상을 방지한다.


## 5) 어깨견장과 단춧구멍

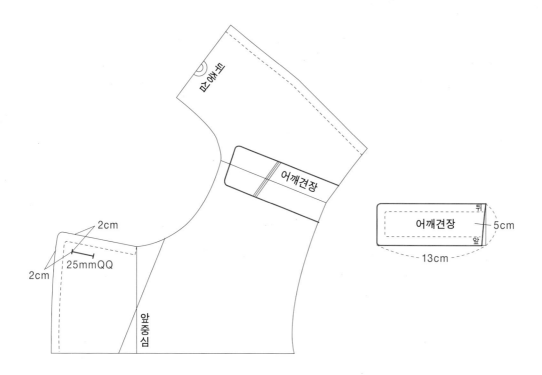

**1**  앞길 어깨선과 뒷길 어깨선을 붙여 어깨견장 폭 5cm, 길이 13cm를 그린다.

**2**  어깨견장을 암홀선에 물리는 디자인이므로 몸판의 암홀선을 그대로 옮겨야 한다.

**3**  라펠 가장자리에서 2∼2.5cm 떨어져 25mm QQ 모양 단춧구멍 표기를 한다.

# Drop Shoulder Coat

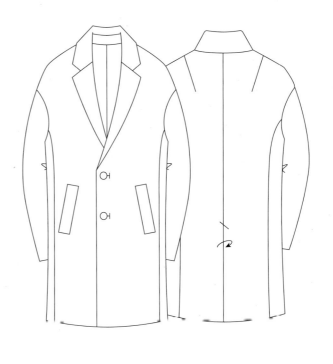

## 07 드롭 숄더 코트 DROP SHOULDER COAT

### 1) 코트 제도에 필요한 치수

| 항목 | 신체치수 | 패턴치수 |
|---|---|---|
| 어깨너비 | 44cm | 60cm |
| 가슴둘레 | 96cm | 113cm |
| 허리둘레 | 82cm | 109cm |
| 엉덩이둘레 | 95cm | 112cm |
| 코트길이 | · | 90cm |
| 등길이 | 44cm | 43cm |
| 진동깊이 | 19.6cm | 31cm |
| 소매길이 | 59cm | 57cm |
| 팔꿈치길이 | 33.8cm | 26cm |
| 소매통둘레 | 30.2cm | 43cm |
| 소맷부리 | 16.5cm | 29cm |
| 뒤품/2 | 20.5cm | 24cm |
| 앞품/2 | 18.5cm | 22cm |

# 드롭 숄더 코트

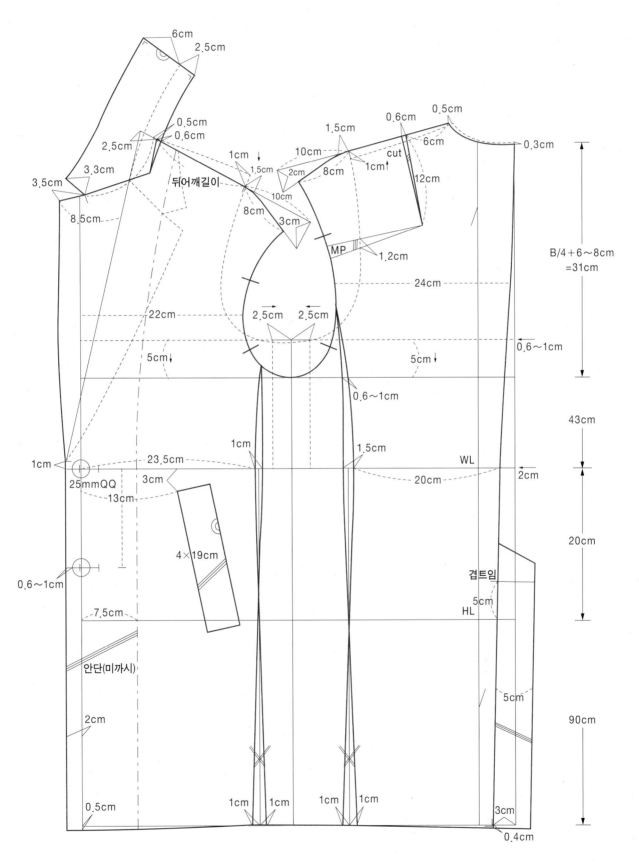

## 2) 드롭 숄더 코트 뒷길 제도

■ 시추니 원형(오픈형) 뒷길을 이용하여 제도한다.

1  진동깊이: B/4+6~8cm=31cm(원형에서 5cm 내린다.)

2  등길이는 43cm로 한다.

3  엉덩이길이는 20cm로 한다.

4  옆솔기선에서 2.5cm 나가 제도한다(B/4+여유=30.5cm).

5  허리선에서 2cm, 밑단에서 3cm 들어가 직선으로 그리고 위쪽은 자연스러운 곡선으로 제도한다(이때 밑단 중심이 직각이 되도록 0.4cm 내린다.).

6  어깨끝점에서 1cm 올려 어깨각도를 높여 준다.

7  어깨끝점에서 10cm 연장하여 2cm 내려와 직선을 긋는다(이때, 어깨끝점에서 1.5cm 떨어진 지점과 직선을 그은 후 자연스러운 곡선으로 어깨라인을 완성한다.).

8  어깨끝점에서 8cm 뒤중심에서 24cm 떨어져 자연스러운 암홀라인을 완성한다.

9  목옆점에서 0.5cm 들어가고 목뒤점에서 0.3cm 내린다.

10  허리선에서 20cm 떨어져 1.5cm 다트로 뒤절개선을 그린다(이때, 상동선에서 0.6~1cm 떨어져 그린다.).

11  목옆점에서 6cm 떨어져 12cm 길이로 0.6cm 잘라 암홀선에서 1~1.5cm MP시킨다(밀도가 강하고 얇은 소재일 경우, 다트 끝이 볼록해지지 않도록 다트량을 조절해야 한다.).

12  엉덩이선에서 5cm 올라와 겹트임 위치를 표기한다.

13  겹트임 분량은 5cm를 기본으로 제도한다.


## 3) 드롭 숄더 코트 앞길 제도

■ 시추니 원형(오픈형) 앞길을 이용하여 제도한다.

1  진동깊이: B/4+6~8cm=31cm(원형에서 5cm 내린다.)

2  옆솔기선에서 2.5cm 나가 제도한다(B/4+여유=28.5cm).

3  어깨끝점에서 1cm 내린다.

4  목옆점에서 0.5cm 들어간 후 뒤어깨길이와 동일하게 앞어깨길이를 정한다.

5  어깨끝점에서 10cm 연장하여 4cm 내려와 직선을 긋는다(이때, 어깨끝점에서 1.5cm 떨어진 지점과 직선을 그은 후 자연스러운 곡선으로 어깨라인을 완성한다.).

6  어깨끝점에서 8cm, 앞중심에서 22cm 떨어져 자연스러운 암홀라인을 완성한다.

7  허리선에서 단추 위치를 정하고 13cm 떨어져 아래 단추 위치를 그린다.

8  앞중심 허리선에서 23.5cm 떨어져 1cm 다트로 앞절개선을 그린다.

9  단추 위치에서 1cm 올라가고 목옆점에서 2.5cm 떨어져 꺾임선을 그린다.

10  칼라의 제도 방법은 2버튼 재킷과 동일하며 위치와 크기는 디자인 의도에 따라 달라진다.

11  허리선에서 3cm, 앞중심에서 13cm 떨어져 웰트포켓(4cm×19cm)을 그린다.

12  밑단 앞중심에서 0.5cm 앞내림분을 주어 자연스러운 밑단 라인을 완성한다.

13  앞중심에서 7.5cm 목옆점에서 4cm 떨어져 안단(미까시) 표기를 한다.

# 드롭 숄더 코트 소매

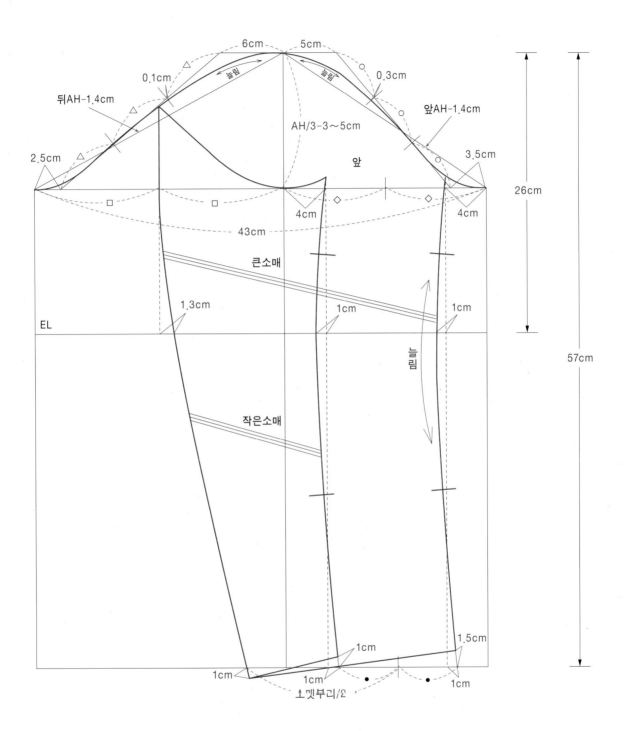

## 4) 드롭 숄더 코트 소매 제도

1  소매길이는 57cm로 한다.

2  소매통둘레는 43cm로 한다.

3  소매산높이는 앞뒤 AH/3-3~5cm=14.8cm로 한다.

4  팔꿈치길이는 26cm로 한다.

5  소맷부리는 29cm로 한다.

6  앞뒤 암홀길이에서 1.4cm 빼고 소매통을 정한다(소매통둘레는 42~45cm를 기본으로 한다.).

7  소매절개선과 소맷부리는 두 장 소매 제도 방법과 동일하다.

TIP

**드롭 숄더 소매의 오그림분**

드롭 숄더 소매를 제도할 경우 앞·뒤 암홀에서 각각 1.3~1.5cm 길이를 빼고 제도해야 한다. 드롭 숄더는 어깨끝점에서 6~8cm 내려와 소매가 달리므로 오그림분을 주어 제도하게 되면 볼록하게 튀어나오는 자연스럽지 못한 실루엣이 되기 때문에 반드시 몸판 암홀길이보다 소매 산 길이를 소재에 따라 0.5~1cm 작게 제도하여 늘려 봉제한다. 또한 소매산 위 시접을 갈라 서 봉제해야 드롭 숄더의 어깨선이 자연스러운 실루엣으로 이어진다는 것을 기억하기 바란다.

Trench Coat

## 08 트렌치코트 Trench Coat

### 1) 코트 제도에 필요한 치수

| 항목 | 신체치수 | 패턴치수 |
|---|---|---|
| 어깨너비 | 44cm | 46cm |
| 가슴둘레 | 96cm | 108.3cm |
| 허리둘레 | 82cm | 98cm |
| 엉덩이둘레 | 95cm | 109.3cm |
| 코트길이 | · | 90cm |
| 등길이 | 44cm | 43cm |
| 진동깊이 | 19.6cm | 27cm |
| 소매길이 | 59cm | 64cm |
| 팔꿈치길이 | 33.8cm | 34cm |
| 소매통둘레 | 30.2cm | 39cm |
| 소맷부리 | 16.5cm | 29cm |
| 뒤품/2 | 20.5cm | 22cm |
| 앞품/2 | 18.5cm | 19.5cm |

# 트렌치코트

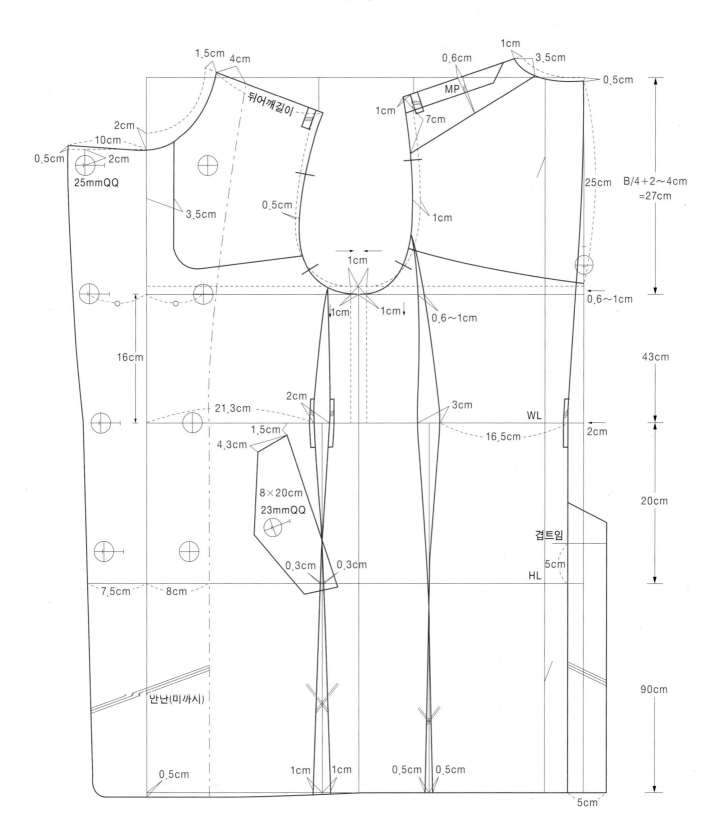

## 2) 트렌치코트 뒷길 제도

■ 시추니 원형(여밈형) 뒷길을 이용하여 제도한다.

1   진동깊이: B/4+2～4cm=27cm(원형에서 1cm 내린다.)

2   등길이는 43cm로 한다.

3   엉덩이길이는 20cm로 한다.

4   옆솔기선에서 1cm 늘려 제도한다(B/4+여유=29cm).

5   허리선에서 2cm 들어가 밑단까지 수직으로 내리고 위쪽은 자연스러운 곡선으로 제도한다.

6   목옆점에서 1cm 들어가고 목뒤점에서 0.5cm 내린다.

7   어깨끝점에서 1cm 뒤품에서 1cm 나가 자연스러운 암홀라인을 완성한다.

8   허리선에서 16.5cm 떨어져 3cm 다트로 뒤절개선을 그린다(이때 상동선에서 0.6～1cm 떨어져 그린다.).

9   목옆점에서 3.5cm, 어깨끝점에서 7cm 요크선을 그리고 어깨선에서 0.6cm MP시킨다.

10   뒤중심에서 25cm 내려와 뒤날개를 그리고 단추 위치를 표기한다.

11   벨트고리는 가로 1cm, 세로 6cm로 한다.

12   엉덩이선에서 5cm 올라와 겹트임 위치를 표기한다.

13   겹트임분량은 5cm를 기본으로 한다.


## 3) 트렌치코트 앞길 제도

■ 시추니 원형(여밈형) 앞길을 이용하여 제도한다.

1   진동깊이: B/4+2～4cm=27cm(원형에서 1cm 내린다.)

2   옆솔기선에서 1cm 늘려 제도한다(B/4+여유=27cm).

3   디자인 의도에 따라 옆솔기선은 골선으로 제도한다.

4   목옆점에서 1.5cm 들어간 후 뒤어깨길이와 동일하게 앞어깨길이를 정한다.

5   앞품에서 0.5cm 나가 자연스러운 암홀라인을 그린다.

6   목앞점에서 2cm 내려 네크라인을 그린다.

7   네크 앞중심에서 10cm, 엉덩이선 앞중심에서 7.5cm 떨어져 여밈분을 그린다.

8   첫 번째 단추 위치를 정하고 16cm 간격으로 단추 위치를 표기한다.

9   앞중심에서 21.3cm 떨어져 2cm 다트로 앞절개선을 그린다.

10   허리선에서 1.5cm 떨어져 플랩(8cm×20cm)을 그린다.

11   앞중심에서 3.5cm 떨어져 앞날개를 그린다.

12   밑단 앞중심에서 0.5cm 앞내림분을 주어 자연스러운 밑단 라인을 완성한다.

13   앞중심에서 8cm, 목옆점에서 4cm 떨어져 안단(미까시) 표기를 한다.

## 4) 칼라와 칼라밴드의 제도

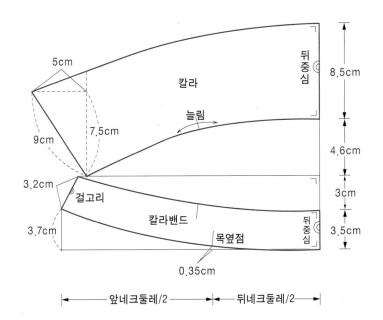

5cm

칼라

늘림

뒤중심 8.5cm

4.6cm

7.5cm

9cm

3.2cm

걸고리

3.7cm

칼라밴드

목옆점

0.35cm

3cm

뒤중심 3.5cm

|← 앞네크둘레/2 →|← 뒤네크둘레/2 →|

1 앞뒤 네크둘레/2를 측정한다.

2 뒤중심 3.5cm, 앞중심 3.2cm 폭으로 칼라밴드를 그린다.

3 디자인 의도에 따라 칼라 뒤중심의 폭 8.5cm와 앞 9cm 폭을 정한다.

4 칼라밴드보다 칼라를 0.3~0.5cm 짧게 제도하여 늘려 봉제한다.

---

**TIP**

### 칼라밴드와 칼라의 곡이 3cm, 4.6cm로 차이가 나는 이유

일반적으로 칼라밴드와 칼라곡은 0.6~1cm 정도 차이를 두어 제도하게 된다. 칼라밴드가 아래에 놓이고 그 위에 칼라가 놓이게 되므로, 칼라밴드를 덮는 칼라의 외포둘레가 더 크게 제도되어야 하기 때문이다. 따라서 칼라밴드의 곡보다 칼라의 곡이 크게 제도되어야 한다. 소재의 두께와 칼라 폭의 너비에 따라 그 차이는 더 커질 수 있다.

---

## 5) 어깨견장과 벨트의 제도

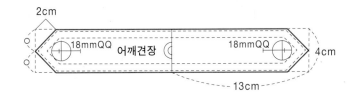

2cm

18mmQQ 어깨견장 18mmQQ 4cm

13cm

1 어깨견장 4cm(폭)x13cm(길이)를 골선으로 제도한다.

2 단춧구멍 18mm QQ를 표기한다.

3 허리벨트는 폭 5cm, 길이 170cm를 기본으로 한다.

# 09
# 점퍼

# 01 점퍼의 이해

## 1) 점퍼 각 부분 명칭

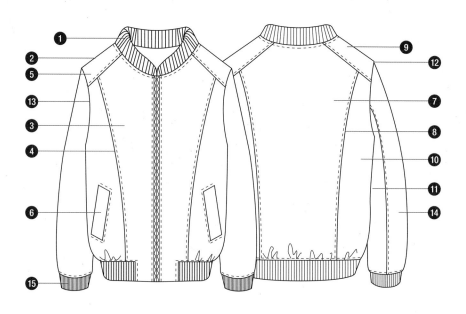

| 번호 | 명칭 | 영어 | 현장 용어 |
|------|------|------|-----------|
| 1 | 조니칼라 | johnny collar | 시보리 카라 |
| 2 | 어깨선 | shoulder line | 가다선 |
| 3 | 앞길 | front panel | 앞판 |
| 4 | 앞프린세스라인 | front princess line | 앞사이바라인 |
| 5 | 앞요크 | front yoke | 앞요크 |
| 6 | 홑겹입술 | single jetted pocket | 가다다마 |
| 7 | 뒷길 | back panel | 뒤판 |
| 8 | 뒤프린세스라인 | back princess line | 뒤사이바라인 |
| 9 | 뒤요크 | back yoke | 뒤요크 |
| 10 | 옆길 | side panel | 사이바 |
| 11 | 옆솔기 | side seam | 와끼 |
| 12 | 소매산 | sleeve top | 소매산 |
| 13 | 진동둘레 | armhole | 암홀둘레 |
| 14 | 소매 | sleeve | 소매 |
| 15 | 소매밑단 | sleeve bottom | 소맷부리 |

## 2) 점퍼 제품 치수 재는 부위 및 방법

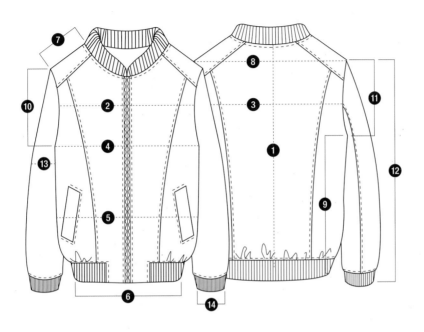

| 번호 | 항목 | 측정 방법 |
|---|---|---|
| 1 | 점퍼길이 | 목뒤점에서 점퍼밑단까지의 길이를 잰다. |
| 2 | 앞품 | 앞길 진동깊이의 중간 지점을 수평으로 잰다. |
| 3 | 뒤품 | 뒷길 진동깊이의 중간 지점을 수평으로 잰다. |
| 4 | 가슴둘레 | 양 겨드랑점 밑에서 수평으로 잰 뒤 2배 한다. |
| 5 | 허리둘레 | 허리 위치의 가장 들어간 위치에서 수평으로 잰 뒤 2배 한다. |
| 6 | 밑단둘레 | 점퍼 밑단의 둘레를 수평으로 잰 뒤 2배 한다. |
| 7 | 어깨길이 | 어깨솔기의 길이를 잰다. |
| 8 | 어깨가쪽점사이길이<br>(어깨너비) | 어깨가쪽점에서 목뒤점을 지나 어깨가쪽점 사이의 길이를 잰다. |
| 9 | 넓낙기길이 | 서느팅짐에시 밑딘까지의 길이를 젠디. |
| 10 | 앞암홀둘레 | 앞암홀둘레의 길이를 잰다. |
| 11 | 뒤암홀둘레 | 뒤암홀둘레의 길이를 잰다. |
| 12 | 소매길이 | 소매산에서 소매밑단까지의 길이를 잰다. |
| 13 | 소매통둘레 | 겨드랑점에서 소매 중심까지 수평으로 잰 뒤 2배 한다. |
| 14 | 소맷부리둘레 | 소맷부리둘레를 수평으로 잰 뒤 2배 한다. |

## 3) 점퍼 제도에 필요한 용어 및 약어

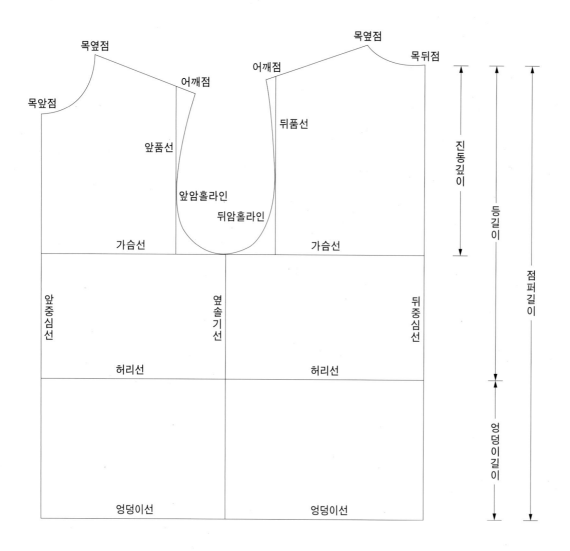

| 표준 용어 | 영어 | 약어 |
|---|---|---|
| 가슴선 | bust line | BL |
| 허리선 | waist line | WL |
| 엉덩이선 | hip line | HL |
| 옆솔기 | side seam | SS |
| 앞중심 | center front | CF |
| 뒤중심 | center back | CB |

Stadium Jumper

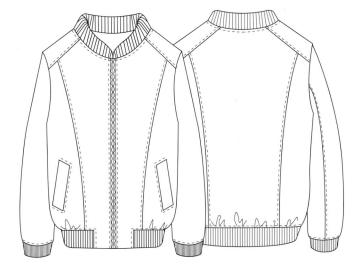

## 02 스타디움 점퍼 STADIUM JUMPER

### 1) 점퍼 제도에 필요한 치수

| 항목 | 신체치수 | 패턴치수 |
|---|---|---|
| 어깨너비 | 44cm | 47cm |
| 가슴둘레 | 96cm | 112.8cm |
| 허리둘레 | 82cm | 104cm |
| 밑단둘레(시보리) | · | 107.5cm(84.2cm) |
| 점퍼길이 | · | 62cm |
| 등길이 | 44cm | 43cm |
| 진동깊이 | 19.6cm | 27cm |
| 소매길이 | 59cm | 64cm |
| 팔꿈치길이 | 33.8cm | 34cm |
| 소매통둘레 | 30.2cm | 40cm |
| 소맷부리(시보리) | 16.5cm | 30cm(21cm) |
| 뒤품/2 | 20.5cm | 22cm |
| 앞품/2 | 18.5cm | 19.8cm |

## 점퍼 제도 시 오픈형 원형과 여밈형 원형의 선택

점퍼 제도 시 대부분 뒤네크너비보다 앞네크너비가 넓게 제도된 오픈형 원형을 사용하는 것이 일반적이다. 남성의 인체를 생각해 보면 가슴에서 목앞점까지 기울어진 경사의 정도를 감안하여 앞중심선을 일직선이 아닌 사선으로 제도하는 것이 적합하기 때문이다.

뒤네크너비보다 앞네크너비를 넓게 제도하는 것이 아니라 앞중심에 기울어진 사선을 앞중심선으로 기준하여 보면 뒤네크너비와 앞네크너비를 동일하게 제도하는 결과가 된다. 하지만 소재에 따라 스트라이프나 체크무늬일 경우, 앞중심선을 사선으로 제도하면 무늬의 모양이 직선이 아닌 사선으로 보이게 된다.

이때는 앞중심이 사선으로 된 오픈형 원형이 아닌 일직선으로 된 여밈형 원형을 사용하는 것이 바람직하다. 따라서 인체에 가까운 제도하는 것이 기준이 된다면 오픈형 원형을 사용하고 스트라이프나 체크무늬일 경우, 미적인 부분을 고려하면 여밈형 원형을 사용하는 것이 바람직하다. 오픈형 원형을 사용하든 여밈형 원형을 사용하든 크게 문제되지 않는다. 어떤 원형을 사용하는지는 경우에 따라 달라질 수 있다는 것을 기억하기 바란다.

# 스타디움 점퍼(오픈형)

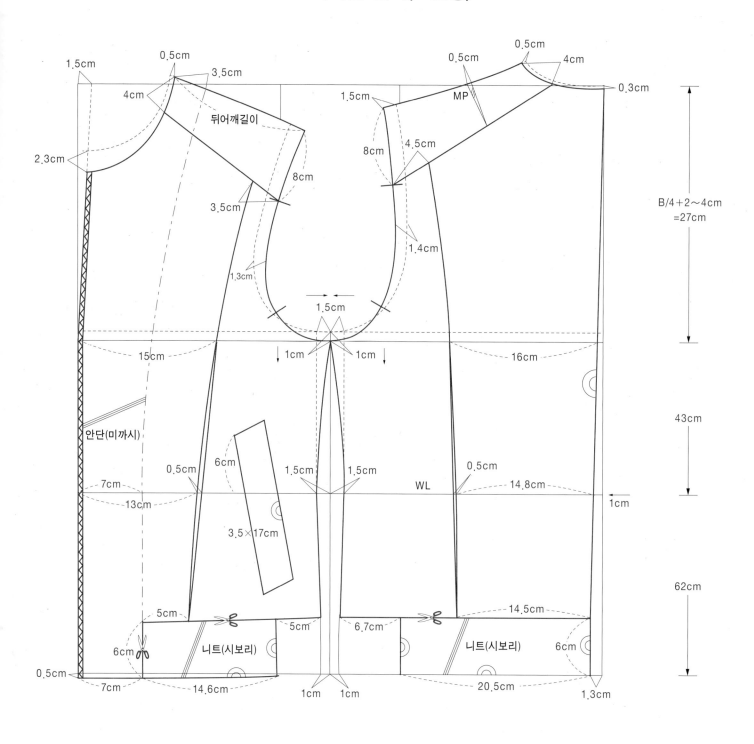

## 2) 스타디움 점퍼(오픈형)

### (1) 스타디움 점퍼(오픈형) 뒷길 제도

■ 시추니 원형(오픈형) 뒷길을 이용하여 제도한다.

1  진동깊이: B/4+2~4cm=27cm(원형에서 1cm 내린다.)

> 캐릭터의 타이트한 점퍼는 진동깊이를 0.5~1cm 올려 제도한다

2  옆솔기선에서 1.5cm 늘려 제도한다(B/4+여유=29.5cm).
3  목옆점에서 0.5cm 들어가고 목뒤점에서 0.3cm 내린다.
4  어깨끝점에서 1.5cm, 뒤품에서 1.4cm 나가 자연스러운 암홀라인을 완성한다.
5  허리선에서 1cm 들어가 목뒤점에서 밑단까지 직선으로 그린다(뒤중심에서 골선을 표기한다.).
6  목옆점에서 4cm, 어깨끝점에서 8cm 요크선을 그리고 어깨선에서 0.5cm MP시킨다.
7  허리선에서 14.8cm 떨어져 0.5cm 다트로 뒤절개선을 그린다.
8  시보리(6cm×20.5cm)의 신축성에 따라 밑단둘레보다 짧게 제도하여 늘려 봉제한다.

### (2) 스타디움 점퍼(오픈형) 앞길 제도

■ 시추니 원형(오픈형) 앞길을 이용하여 제도한다.

1  진동깊이: B/4+2~4cm=27cm(원형에서 1cm 내린다.)
2  옆솔기선에서 1.5cm 늘려 제도한다(B/4+여유=27.5cm).
3  목옆점에서 0.5cm, 목앞점에서 2.3cm 내려 네크라인을 그린다(이때 뒤네크너비와 앞네크너비를 동일하게 제도한다.).
4  뒤어깨길이와 동일하게 앞어깨길이를 정한다.
5  앞품에서 1.3cm 나가 자연스러운 암홀라인을 그린다.
6  목옆점에서 4cm, 어깨끝점에서 8cm 요크선을 그린다.
7  앞중심에서 7cm 떨어져 시보리(6cm×14.6cm)를 제도한다(시보리는 신축성에 따라 밑단둘레보다 짧게 제도하여 늘려 봉제한다.).
8  허리선에서 13cm 떨어져 0.5cm 다트로 앞절개선을 그린다.
9  허리선에서 6cm 올라가 홑입술(가다다마) 폭 3.5cm, 길이 17cm를 그린다.
10  앞중심에서 7cm, 어깨선에서 3.5cm 떨어져 안단(미까시) 표기를 한다.

# 스타디움 점퍼(오픈형) 소매

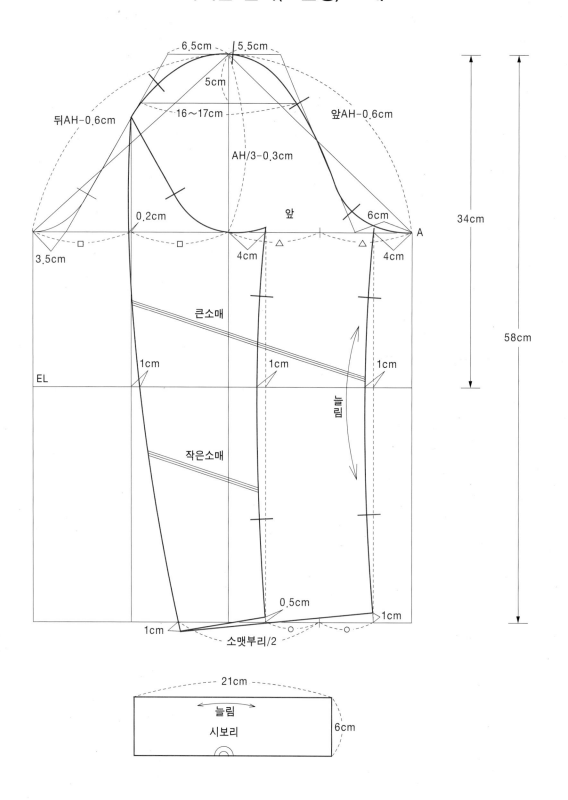

6.5cm  5.5cm

5cm

뒤AH-0.6cm  16~17cm  앞AH-0.6cm

AH/3-0.3cm

0.2cm  앞  6cm  A

34cm

3.5cm  □  □  △  △  4cm

4cm

큰소매

EL  1cm  1cm  1cm

58cm

늘림

작은소매

0.5cm  1cm
1cm
소맷부리/2

21cm

늘림
시보리  6cm

## (3) 스타디움 점퍼(오픈형) 소매 제도

■ 2버튼 재킷 소매 제도 방법을 응용한다.

1　소매길이는 64cm(시보리 6cm 포함)로 한다.

2　소매통둘레는 40cm로 한다.

3　소매산높이는 앞뒤 AH/3−0.3cm=18cm로 한다.

4　팔꿈치길이는 34cm로 한다.

5　소맷부리 30cm, 시보리 21cm로 한다.

6　앞뒤 암홀길이에서 0.6cm 빼고 소매통을 정한다(소재의 특성에 따라 0~1cm까지 빼서 소매통을 정한다.).

7　점 A에서 6cm 들어가 앞길 암홀선을 이용하여 소매 모양을 그린다(몸판의 진동두께에 따라 그 수치는 변화
　된다.).

8　소매위통둘레는 소매산에서 5cm 내려와 16~17cm를 유지한다.

9　시보리(6cm×21cm)의 길이는 신축성에 따라 그 분량을 조절한다.

## (4) 칼라 시보리의 제도

1　5cm 폭으로 길이는 시보리의 신축성에 따라 짧게 제도하여 늘려 봉제한다.

2　뒤네크둘레/2−1.5cm=8.2cm

3　앞네크둘레/2−2cm=12.5cm

# 스타디움 점퍼(여밈형)

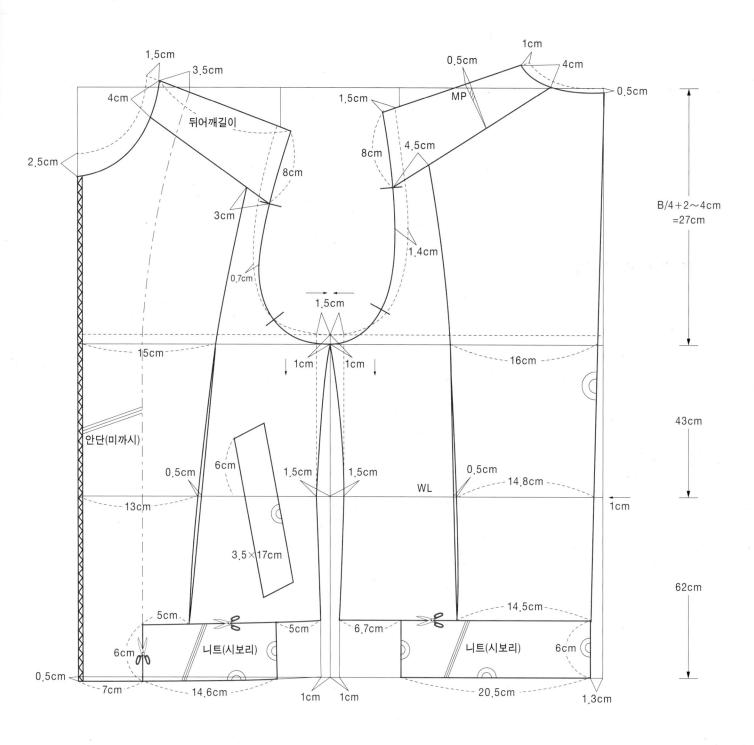

## 2) 스타디움 점퍼(여밈형)

### (1) 스타디움 점퍼(여밈형) 뒷길 제도

■ 시추니 원형(여밈형) 뒷길을 이용하여 제도한다.

1  진동깊이: B/4+2~4cm=27cm 원형에서 1cm 내리고, 캐릭터의 타이트한 점퍼는 진동깊이를 0.5~1cm 올려 제도한다.

2  옆솔기선에서 1.5cm 늘려 제도한다(B/4+여유=29.5cm).

3  목옆점에서 1cm 들어가고 목뒤점에서 0.5cm 내린다.

4  어깨끝점에서 1.5cm, 뒤품에서 1.4cm 나가 자연스러운 암홀라인을 완성한다.

5  허리선에서 1cm 들어가 목뒤점에서 밑단까지 직선으로 그린다(뒤중심에서 골선을 표기한다.).

6  목옆점에서 4cm, 어깨끝점에서 8cm 요크선을 그리고 어깨선에서 0.5cm MP시킨다.

7  허리선에서 14.8cm 떨어져 0.5cm 다트로 뒤절개선을 그린다.

8  시보리(6×20.5cm)의 신축성에 따라 밑단둘레보다 짧게 제도하여 늘려 봉제한다.

### (2) 스타디움 점퍼(여밈형) 앞길 제도

■ 시추니 원형(여밈형) 앞길을 이용하여 제도한다.

1  진동깊이: B/4+2~4cm=27cm(원형에서 1cm 내린다.)

2  옆솔기선에서 1.5cm 늘려 제도한다(B/4+여유=27.5cm).

3  목옆점에서 1.5cm, 목앞점에서 2.5cm 내려 네크라인을 그린다(이때 뒤네크너비와 앞네크너비를 동일하게 제도한다.).

4  뒤어깨길이와 동일하게 앞어깨길이를 정한다.

5  앞품에서 0.7cm 나가 자연스러운 암홀라인을 그린다.

6  목옆점에서 4cm, 어깨끝점에서 8cm 요크선을 그린다.

7  앞중심에서 7cm 떨어져 시보리(6×14.6cm)를 제도한다(시보리는 신축성에 따라 밑단둘레보다 짧게 제도하여 늘려 봉제한다.).

8  허리선에서 13cm 떨어져 0.5cm 다트로 앞절개선을 그린다.

9  허리선에서 6cm 올라가 홑입술(가다다마)폭 3.5cm, 길이17cm를 그린다.

10  앞중심에서 7cm, 어깨선에서 3.5cm 떨어져 안단(미까시) 표기를 한다.

# 스타디움 점퍼(여밈형) 소매

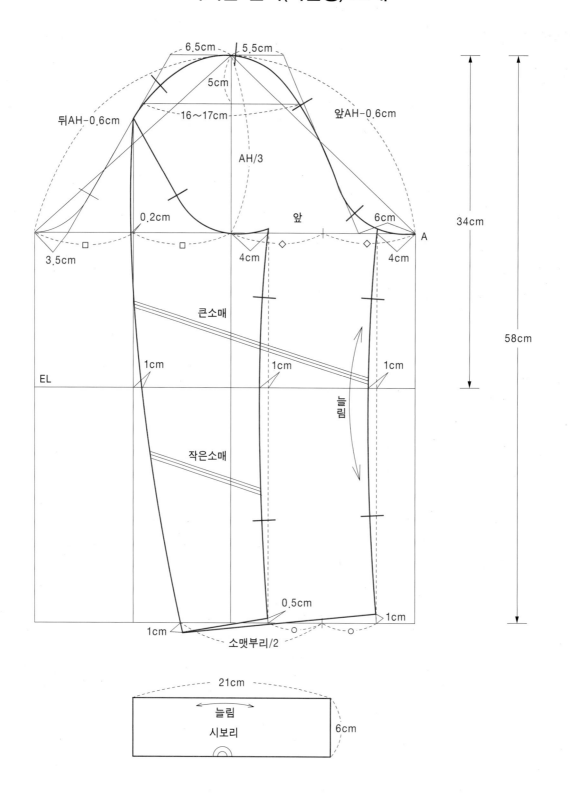

## (3) 스타디움 점퍼(여밈형) 소매 제도

■ 2버튼 재킷 소매 제도 방법을 응용한다.

1  소매길이는 64cm(시보리 6cm 포함)로 한다.

2  소매통둘레는 40cm로 한다.

3  소매산높이는 앞뒤 AH/3=18.3cm로 한다.

4  팔꿈치길이는 34cm로 한다.

5  소맷부리 30cm, 시보리 21cm로 한다.

6  앞뒤 암홀길이에서 0.6cm 빼고 소매통을 정한다(소재의 특성에 따라 0~1cm까지 빼서 소매통을 정한다.).

7  점 A에서 6cm 들어가 앞길 암홀선을 이용하여 소매모양을 그린다(진동두께에 따라 그 수치는 변화된다.).

8  소매위통둘레는 소매산에서 5cm 내려와 16~17cm를 유지한다.

9  시보리(6×21cm)는 신축성에 따라 그 분량을 조절한다.

## (4) 칼라 시보리의 제도

1  5cm 폭으로 길이는 시보리의 신축성에 따라 짧게 제도하여 늘려 봉제한다.

2  뒤네크둘레/2-1.5cm=8.2cm

3  앞네크둘레/2-2cm=12cm

4  뒤중심과 위쪽 선은 골선으로 제도한다.

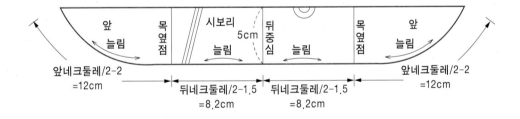

CHAPTER

# 10

# 티셔츠

# 01 티셔츠의 이해

## 1) 티셔츠 각 부분 명칭

| 번호 | 명칭 | 영어 | 현장 용어 |
|---|---|---|---|
| 1 | 리브 | rib | 립 |
| 2 | 어깨선 | shoulder line | 가다선 |
| 3 | 앞길 | front panel | 앞판 |
| 4 | 뒷길 | back panel | 뒤판 |
| 5 | 옆솔기 | side seam | 와끼 |
| 6 | 소매산 | sleeve top | 소매산 |
| 7 | 진동둘레 | armhole | 암홀둘레 |
| 8 | 소매 | sleeve | 소매 |
| 9 | 소매밑단 | sleeve bottom | 소맷부리 |

## 2) 티셔츠 제품 치수 재는 부위 및 방법

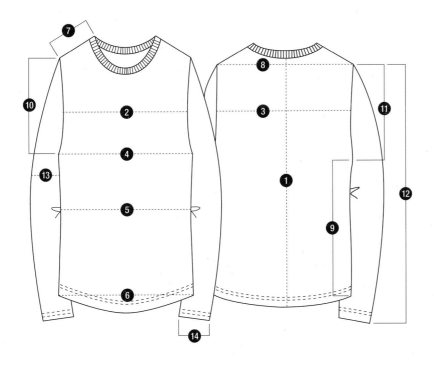

| 번호 | 항목 | 측정 방법 |
|---|---|---|
| 1 | 티셔츠길이 | 목뒤점에서 티셔츠밑단까지의 길이를 잰다. |
| 2 | 앞품 | 앞길 진동깊이의 중간지점을 수평으로 잰다. |
| 3 | 뒤품 | 뒷길 진동깊이의 중간지점을 수평으로 잰다. |
| 4 | 가슴둘레 | 양 겨드랑점 밑에서 수평으로 잰 뒤 2배 한다. |
| 5 | 허리둘레 | 허리위치의 가장 들어간 위치에서 수평으로 잰 뒤 2배 한다. |
| 6 | 밑단둘레 | 티셔츠밑단의 둘레를 수평으로 잰 뒤 2배 한다. |
| 7 | 어깨길이 | 어깨솔기의 길이를 잰다. |
| 8 | 어깨가쪽점사이길이 (어깨너비) | 어깨가쪽점에서 목뒤점을 지나 어깨가쪽점 사이의 길이를 잰다. |
| 9 | 옆솔기길이 | 겨드랑점에서 밑단까지의 길이를 잰다. |
| 10 | 앞암홀둘레 | 앞암홀둘레의 길이를 잰다. |
| 11 | 뒤암홀둘레 | 뒤암홀둘레의 길이를 잰다. |
| 12 | 소매길이 | 소매산에서 소매밑단까지의 길이를 잰다. |
| 13 | 소매통둘레 | 겨드랑점에서 소매중심까지 수평으로 잰 뒤 2배 한다. |
| 14 | 소맷부리둘레 | 소맷부리둘레를 수평으로 잰 뒤 2배 한다. |

# Character T-shirt

**캐릭터 티셔츠** Cʜᴀʀᴀᴄᴛᴇʀ Tꜱʜɪʀᴛ

## 1) 캐릭터 티셔츠 제도에 필요한 치수

| 항목 | 신체치수 | 패턴치수 |
|---|---|---|
| 어깨너비 | 44cm | 45cm |
| 가슴둘레 | 96cm | 102cm |
| 허리둘레 | 82cm | 98cm |
| 밑단둘레 | · | 101cm |
| 점퍼길이 | · | 70cm |
| 등길이 | 44cm | 43cm |
| 진동깊이 | 19.6cm | 24.5cm |
| 소매길이(반팔) | 59cm | 64cm(21cm) |
| 팔꿈치길이 | 33.8cm | 34cm |
| 소매통둘레 | 30.2cm | 36cm |
| 소맷부리 | 16.5cm | 22cm |
| 뒤품/2 | 20.5cm | 21cm |
| 앞품/2 | 18.5cm | 19cm |

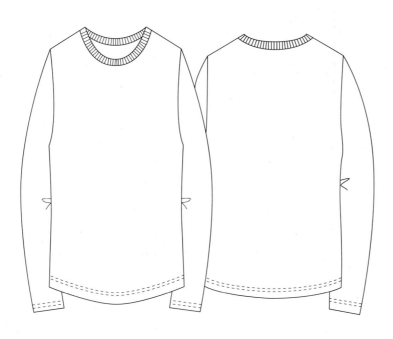

# 캐릭터 티셔츠

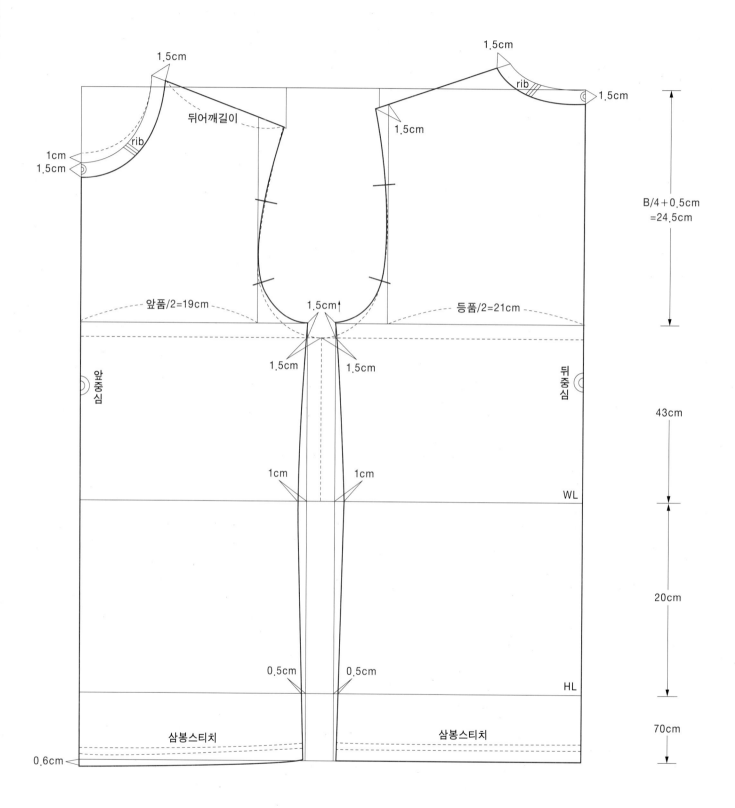

1.5cm

1.5cm

1.5cm

rib

1.5cm

뒤어깨길이

1.5cm

1cm
1.5cm

rib

1.5cm

B/4+0.5cm
=24.5cm

앞품/2=19cm

1.5cm↑

등품/2=21cm

앞중심

1.5cm

1.5cm

뒤중심

43cm

1cm

1cm

WL

20cm

0.5cm

0.5cm

HL

70cm

삼봉스티치

삼봉스티치

0.6cm

## 2) 캐릭터 티셔츠 뒷길 제도

■ 시추니 원형(여밈형) 뒷길을 이용하여 제도한다.

1  진동깊이: B/4+0.5=24.5cm(원형에서 1.5cm 올린다.)

2  등길이는 43cm로 한다.

3  엉덩이길이는 20cm로 한다.

4  옆솔기선에서 1.5cm 줄여 제도한다(B/4+여유=26.5cm)

5  뒤품/2=21cm를 유지하여 자연스러운 암홀라인을 완성한다.

6  허리선에서 1cm, 엉덩이선에서 0.5cm 들어가 옆솔기선을 완성한다.

7  목옆점에서 1.5cm, 목뒤점에서 1.5cm 내려 립(rib)을 완성한다.

8  밑단에서 1.3cm 떨어져 0.6cm 폭의 더블스티치를 표기한다.


## 3) 캐릭터 티셔츠 앞길 제도

■ 시추니 원형(여밈형) 앞길을 이용하여 제도한다.

1  진동깊이: B/4+0.5=24.5cm(원형에서 1.5cm 올린다.)

2  옆솔기선에서 1.5cm 줄여 제도한다(B/4+여유=24.5cm).

3  앞품/2=19cm를 유지하여 자연스러운 암홀라인을 완성한다.

4  허리선에서 1cm, 엉덩이선에서 0.5cm 들어가 옆솔기선을 완성한다.

5  목앞점에서 1cm 내려 네크라인을 그리고 목옆점에서 1.5cm, 목앞점에서 1.5cm간격으로 립(rib)을 완성한다.

6  앞중심밑단에서 0.5~1cm 앞내림분을 주어 자연스러운 밑단을 그린다.

7  밑단에서 1.3cm 떨어져 0.6폭의 더블스티치를 표기한다.

# 캐릭터 티셔츠 소매

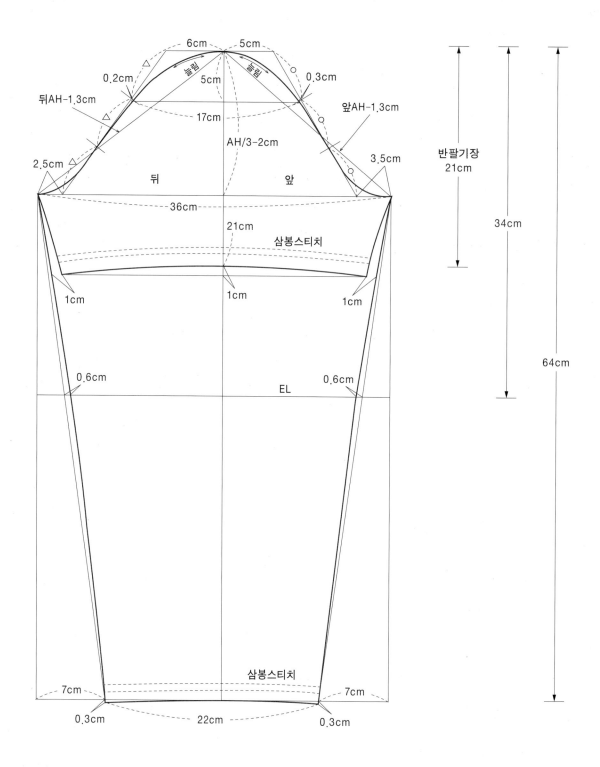

## 4) 캐릭터 티셔츠 소매 제도

■ 클래식 셔츠 소매 제도 방법을 응용한다.

**1** 소매길이는 64cm(반팔: 21~23cm)로 한다.

**2** 소매통둘레는 36cm로 한다.

**3** 소매산높이는 앞뒤 AH/3-2cm=14.2cm로 한다.

**4** 팔꿈치길이는 34cm로 한다.

**5** 소맷부리는 22cm로 한다.

**6** 앞뒤 암홀길이에서 1.3~1.5cm 빼고 소매통을 정한다(소매통둘레는 타깃에 따라 달라지며 캐릭터 티셔츠 36cm, 신사 정장 티셔츠 38cm를 기본으로 한다.).

**7** 티셔츠의 진동두께는 클래식 셔츠의 진동두께에 비해 사이즈가 작으므로 소매산에서 나오는 분량과 소매통 에서 들어가는 분량이 클래식 셔츠 소매보다 작게 제도된다.

**8** 소매위통둘레는 소매산에서 5cm 내려와 17cm를 기본으로 한다.

**9** 소매밑단은 삼봉스티치 작업으로 처리한다(삼봉스티치는 밑단에서 1.3cm 떨어져 0.6cm 간격으로 두 줄 스 티치 봉제하는 것을 기본으로 하며, 디자인에 따라 0.3cm 간격으로 좁은 삼봉스티치 봉제를 하기도 한다.).

---

**TIP**

### 티셔츠 소매의 오그림분

티셔츠 소재는 신축성이 강하여 오그림분이 들어가지 않고 늘어나는 특성이 있으므로 소매 아 래쪽은 오그림분을 넣지 않으며, 소매산 쪽에서는 소재의 신축성에 따라 0.5~1cm를 늘려 봉 제하여 사전에 늘어나는 것을 방지할 수 있다.

---

## 5) 캐릭터 티셔츠 립의 제도

**1** 립의 네크라인은 골선이므로 일직선이 되도록 제도한다.

**2** 1.5~2cm 폭의 립(rib)을 기본으로 하며, 위 네크라인을 기준으로 해서 늘려 봉제하므로 탄성회복력이 좋은 시보리를 사용한다.

**3** 몸판과 같은 원단을 사용할 경우 탄성회복력이 없게 되면 위 네크둘레가 들뜨는 현상이 발생하므로 스트레 치의 정도를 파악하고 제도해야 한다.

## 랍빠, 해리, 립의 차이

### 랍빠

미싱의 노루발에 설치하여 원단의 끝마무리 작업을 위해 자동으로 말리면서 들어가게 하는 부속장치(attachment)로, 티셔츠 네크라인, 소매 밑단 등의 가장자리를 마무리할 때 쓰이며, 대량 생산을 위한 효율적인 작업에 사용하고 있다. 바이어스로 재단하며 겉표면에 반드시 스티치가 생긴다.

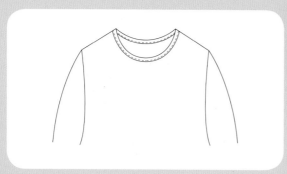 

### 해리

스티치가 생기는 랍빠의 단점을 보완할 수 있는 끝처리 방식으로 랍빠와 같이 바이어스로 재단하여 사용하며 겉표면에 스티치가 없이 작업할 수 있는 장점이 있다. 하지만 일일이 손으로 꺾어 작업해야 하므로 시간이 많이 소모되는 단점이 발생한다. 남성복에는 거의 사용되지 않으며, 고가의 여성복 캐릭터 블라우스와 원피스의 네크라인, 소매 가장자리 부분의 마무리 작업에 사용하고 있다.

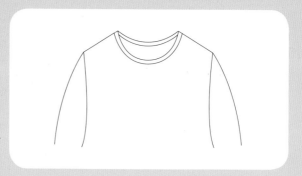

### 립

티셔츠의 네크 부분에 주로 사용되는 끝처리 방식으로 몸판의 네크둘레보다 짧게 제도하여 늘려 봉제하기 때문에 탄성회복력이 좋은 시보리 원단을 직사각형으로 제도해서 사용하는 것이 일반적이다. 몸판과 같은 원단을 립(rib)으로 사용할 경우 탄성회복력이 없게 되면 위 네크둘레가 들뜨는 현상이 발생하므로 립의 스트레치 정도를 파악하고 제도해야 한다.

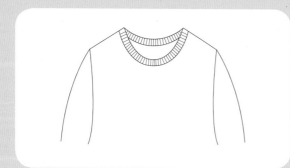 

Drop Shoulder
T-shirt

## 03 드롭 숄더 티셔츠 DROP SHOULDER T-SHIRT

### 1) 드롭 숄더 티셔츠 제도에 필요한 치수

| 항목 | 신체치수 | 패턴치수 |
|---|---|---|
| 어깨너비 | 44cm | 57cm |
| 가슴둘레 | 96cm | 114cm |
| 허리둘레 | 82cm | 110cm |
| 밑단둘레(시보리) | · | 108cm(92cm) |
| 티셔츠길이 | · | 72cm |
| 등길이 | 44cm | 43cm |
| 진동깊이 | 19.6cm | 28cm |
| 소매길이 | 59cm | 59cm |
| 팔꿈치길이 | 33.8cm | 28cm |
| 소매통둘레 | 30.2cm | 43cm |
| 소맷부리(시보리) | 16.5cm | 27cm(20cm) |
| 뒤품/2 | 20.5cm | 24cm |
| 앞품/2 | 18.5cm | 22cm |

# 드롭 숄더 티셔츠

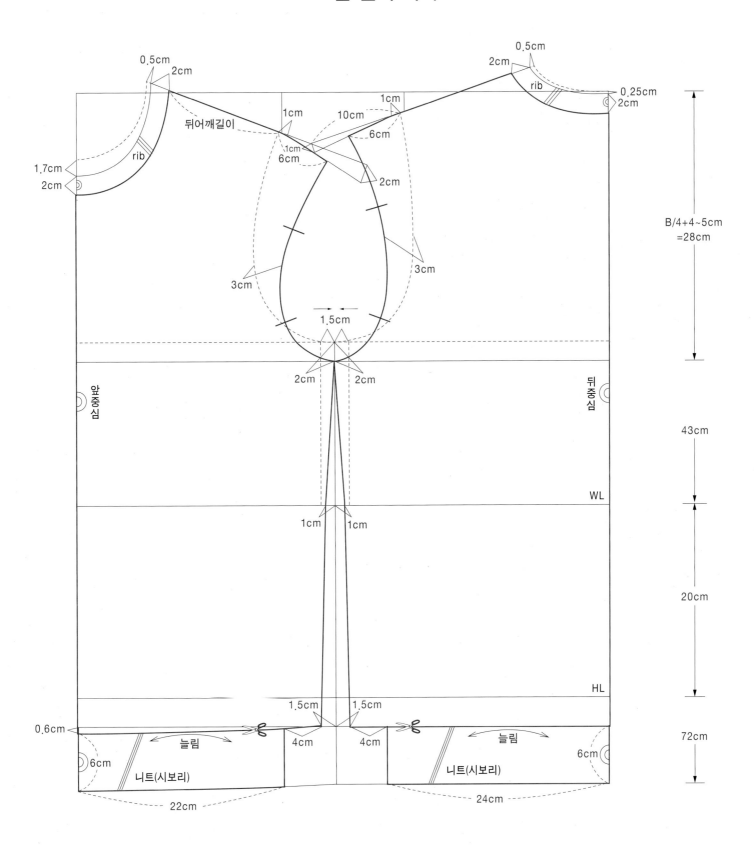

## 2) 드롭 숄더 티셔츠 뒷길 제도

■ 시추니 원형(여밈형) 뒷길을 이용하여 제도한다.

1  진동깊이: B/4+4~5cm=28cm(원형에서 2~4cm 내린다.)

2  등길이는 43cm로 한다.

3  엉덩이길이는 20cm로 한다.

4  옆솔기선에서 1.5cm 늘려 제도한다(B/4+여유=29.5cm).

5  어깨 끝점에서 10cm 연장하여 1cm 내려와 직선을 긋는다(이때 어깨 끝점에서 1cm 떨어진 지점과 직선을
   그은 후 자연스러운 곡선으로 어깨라인을 완성한다.).

6  어깨 끝점에서 6cm, 뒤품에서 3cm 떨어져 자연스러운 암홀라인을 완성한다.

7  허리선에서 1cm, 밑단에서 1.5cm 들어가 옆솔기선을 완성한다.

8  목옆점에서 0.5cm 들어가고 목뒤점에서 0.25cm 내려와 네크라인을 그린다.

9  목옆점에서 2cm, 목뒤점에서 2cm 폭으로 립(rib)을 그린다.

10  시보리(6cm×24cm)의 신축성에 따라 밑단둘레보다 짧게 제도하여 늘려 봉제한다.


## 3) 드롭 숄더 티셔츠 앞길 제도

■ 시추니 원형(여밈형) 앞길을 이용하여 제도한다.

1  진동깊이: B/4+4~5cm=28cm(원형에서 2~4cm 내린다.)

2  옆솔기선에서 1.5cm 늘려 제도한다(B/4+여유=27.5cm).

3  어깨 끝점에서 10cm 연장하여 2cm 내려와 직선을 긋는다(이때 어깨 끝점에서 1cm 떨어진 지점과 직선을
   그은 후 자연스러운 곡선으로 어깨라인을 완성한다.).

4  어깨 끝점에서 6cm, 앞품에서 3cm 떨어져 자연스러운 암홀라인을 완성한다.

5  허리선에서 1cm, 밑단에서 1.5cm 들어가 옆솔기선을 완성한다.

6  목옆점에서 0.5cm 들어가고 목앞점에서 1.7cm 내려와 네크라인을 그린다.

7  목옆점에서 2cm, 목앞점에서 2cm폭으로 립(rib)을 그린다.

8  앞중심밑단에서 0.5~1cm 앞내림분을 주어 자연스러운 밑단을 그린다.

9  시보리(6×22cm)의 신축성에 따라 밑단둘레보다 짧게 제도하여 늘려 봉제한다.

# 드롭 숄더 티셔츠 소매

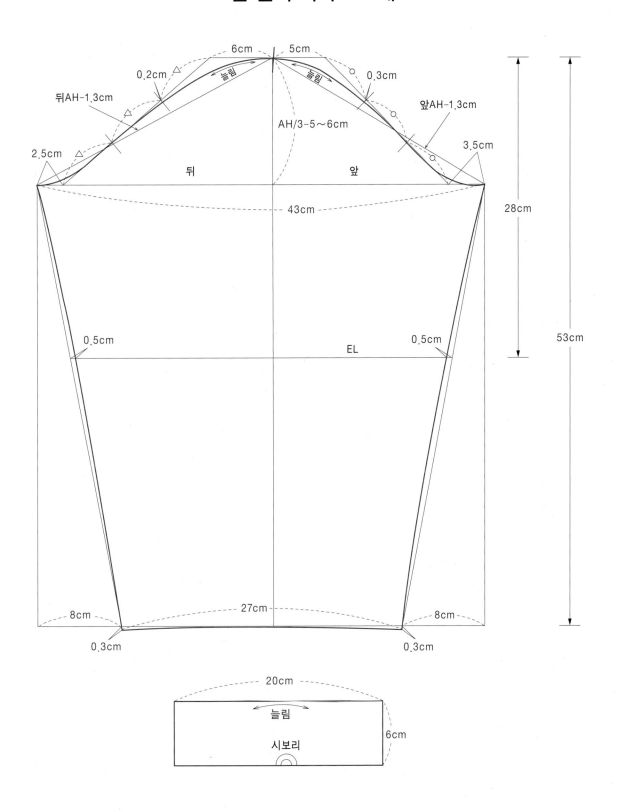

## 4) 드롭 숄더 티셔츠 소매 제도

■ 클래식 셔츠 소매 제도 방법을 응용한다.

**1** 소매길이는 59cm(시보리 6cm 포함)로 한다.

**2** 소매통둘레는 43cm로 한다.

**3** 소매산높이는 앞뒤 AH/3-5~6cm=11.8cm로 한다.

**4** 팔꿈치길이는 28cm로 한다.

**5** 소맷부리는 27cm(시보리 20cm)로 한다.

**6** 앞뒤 암홀길이에서 1.3cm 빼고 소매통을 정한다(소매통둘레는 타깃에 따라 달라지며 42~45cm를 기본으로 한다.).

**7** 소매밑단 시보리(6×20cm)는 신축성에 따라 그 분량을 조절한다.

---

> **TIP**
>
> ## 드롭 숄더 소매의 오그림분
>
> 티셔츠 소재는 신축성이 강하여 오그림분이 들어가지 않고 늘어나는 특성이 있으므로 소매 아래쪽은 오그림분을 넣지 않으며, 소매산 쪽에서는 소재의 신축성에 따라 0.5~1cm를 늘려 봉제한다. 또한 늘어나지 않는 소재의 우븐(woven) 봉제라고 할지라도 드롭 숄더는 소매산에 오그림분을 주지 않고 소매에 따라 0.5~1cm 짧게 하여 시접을 갈라 봉제하는 것이 일반적이다. 그러나 티셔츠의 경우 소재가 두껍지 않고, 원할한 생산을 위해 시접을 몰아 니온 오바 봉제를 한다.

---

## 5) 드롭 숄더 티셔츠 립의 제도

**1** 립(rib)의 네크라인은 골선이므로 일직선이 되도록 제도한다.

**2** 2cm 폭의 립을 기본으로 하며, 위 네크라인을 기준으로 하여 늘려 봉제하므로 탄성회복력이 좋은 시보리를 사용한다.

| | | 시보리 | |
|---|---|---|---|
| 늘림 | 뒤중심 늘림 | 목옆점 늘림 | 앞중심 늘림 |
| 뒤네크둘레/2-2.2 =9.6cm | 뒤네크둘레/2-2.2 =9.6cm | 앞네크둘레/2-2.7 =13.8cm | 앞네크둘레/2-2.7 =13.8cm |

# CHAPTER 11

# 봉제 현장 용어

흔히 학교에서 표준 용어를 배워 졸업하는 것이 일반적이다. 현장 용어를 잘 이해하지 못하고, 사회에 진출할 경우 익숙하지 않아 의미 전달 시에 적지 않은 어려움이 생긴다.

따라서 원활한 의사소통을 위하여 현장 용어의 의미나 단어를 미리 습득하는 것이 바람직하다. 일반적으로 현장에서는 와전된 일본어가 많이 사용되는데, 이는 과거부터 전해오는 잘못된 습관이다. 엄연히 표준 용어들이 있는 데도 사용하지 않는 것이 현실이므로 앞으로는 현장의 실무자들이 표준 용어 활용에 노력을 기울여야 할 것이다.

| 현장 용어 | 영어 | 일어 | 중국어 | 뜻 |
|---|---|---|---|---|
| 가다다마 | single jetted pocket | 가타타마(かたたま) | 单唇袋 | 홑겹입술 |
| 가다마이 | single breast jacket | 가타마에(かたまえ) | 单排纽扣 | 홑여밈, 홑자락 |
| 가시바리 | back stitch | 가에시바리(返り針) | 回针, 倒针 | 제자리 박기 |
| 가자리 | fake | 카자리(飾り) | 假的 | 꾸밈, 장식 |
| 간도메 | back tack | 칸도메(かんとめ) | 加固缝, 倒缝 | 매듭 박기 |
| 간지 | feeling | 간지(感じ) | 轮廓 | 느낌, 태 |
| 갱에리 | picked lapel | 겐에리(劍襟) | 枪驳头 | 칼깃 |
| 게싱 | wool canvas | 게싱(毛芯) | 羊毛衬布 | 모심지 |
| 견보루 | sleeve placket | 겐보로(劍ボロ) | 袖衩, 袖口 | 뾰족단 |
| 고다찌 | hand cutting | 고다치(小裁ち) | 净(样) | 정밀재단 |
| 고로시 | fixing | 고로시(殺し) | 定位, 固定 | 자리 잡음 |
| 고시 | waist | 고시(腰) | 腰 | 허리 |
| 기리미 | tailored tack | 키리비쯔케(切り仕付け) | 粗缝 | 실표뜨기 |
| 나나인치 | button hole | 나나이치(なないち) | 平头锁眼机 | 일자단춧구멍 |
| 나라시 | spreading | 나라시(均し) | 拉布, 铺料 | 연단 |
| 나시 | sleeveless | · | 无袖, 背心 | 민짜 |
| 나찌 | notch | · | 凹口 | 맞춤 표시 |
| 노바시 | stretching | 노바시[伸(のば)し] | 拉幅 | 늘림 |
| 다대 | vertical | 다테(縱) | 垂(直) | 세로 |
| 다찌 | cutting | 타찌(裁ち) | 剪裁 | 재단(봉제 준비) |
| 단작 | tab placket | 단자쿠(短册) | 门襟 | 덧단 |
| 데끼패턴 | actual size pattern | 데키아가리(來き上がりパータン) | 里襟, 扣绊 | 완성 패턴 |
| 도메 | fixing | 도메(止め) | 净尺寸纸样 | 징금(고정) |
| 댕고 | fly | 덴구(天狗) | 固定 | 바지의 코단 |
| 랍바 | attachment | 나팔(喇叭) | 附件(撸子) | 바이어스를 위한 기계부속 |
| 레지끼 | front crease trousers crease | 네지끼[寝敷き(ねじき)折り山線] | 裤缝 | 바지주름 |
| 마꾸라지 | sleeve heading | 마쿠라(枕) | 肩条 | 뵘 천, 뵘 솜 |
| 마도메 | finishing | 마도메(纏め) | 手工, 手缝 | 마무리, 끝손질 |
| 앞마이 | center front edge | 마에(前-まえ) | 面领 | 앞섶 |
| 마카 | marker | | 风纪扣, 钩棒扣 | 본 그리기 |
| 마이깡 | hook & eye | 마에칸(前かん) | 排料, 唛架 | 걸쇠, 겉단추 |
| 미까시 | inside facing | 미카에시(見返し) | 内贴边 | 안단 |
| 미미지 | selvage | 미미(耳) | 卷边 | 가장자리 |
| 미쓰마끼 | three foldrolled wewing | 미쓰마키누이[三(つ)巻き縫い] | 卷压 | 말아 박기, 세겹 말아 박기 |
| 무까데 | side facing | 무코누노(무카테, 向布) | 贴 | 마중천, 맞은천 |

(계속)

| 현장 용어 | 영어 | 일어 | 중국어 | 뜻 |
|---|---|---|---|---|
| 바텍 | bar tack | · | 加固缝, 套结, 打枣 (粤) | 매듭박기 |
| 비죠 | band | 비죠(尾錠) | 绊子, 绊带, 小拉 | 조름단 |
| 사가리 | dropped shoulder | 사가리(さがり) | 落肩 | (내리다) 쳐진 어깨를 칭함 |
| 사이바 | fabric running | 사이바라(細腹) | 走纱 | 절개선, 옆길 |
| 사까 | princess line | 사카(さか) | 公主线 | 결 |
| 스와리 | sitting | 스와리(座リ) | (衣服)合身, 定位 | 본새, 태 |
| 시다마이 | · | 시타마에(下前) | · | 안섶 |
| 시도미싱 | baste stitching | 스테미싱(拾てミシン) | 假缝线迹, 攘针 | 시침박기, 속스티치 |
| 시루시 | making | 시루시(印) | 打印, 标志 | 표시, 기호 |
| 시리 | hip | 시리(尻-しリ) | 坐围 | 엉덩이 |
| 시마 | stripe | 시마(縞) | 条子 | 줄무늬 |
| 시보리 | elastic-case banding | 시보리(絞リ) | 罗纹 | 조르기, 고무뜨기 |
| 시아게 | ironing | 시아게(仕上げ) | 大烫 | 끝손질, 다림질 |
| 시와 | puckering | 시와(皺) | 起皱, 涟形 | 울음, 주름, 구김 |
| 아가리 | shoulders highly squared | 아가리(上あがリ) | 高吊肩 | (올라감), 솟은 어깨를 칭함 |
| 아나이도 | top stitch | 아나이토(穴絲) | 中粗丝线 | 단춧구멍실 |
| 아다리 | press mark | 아타리[あた(當)リ] | 烫印 | 누름자국, 두드러짐 |
| 에리 | collar | 에리(襟-えリ) | 领子 | 깃 |
| 에리고시 | collar stand | 에리코시(えリこし) | 领座, 下级领 | 깃 운두 |
| 오비 | waist band | 오비(おび) | 腰头 | 허릿단 |
| 와끼 | side seam | 와키(わき) | 侧缝, 侧骨 | 옆솔기 |
| 요다마 | double besom | 료우타마(リょうたま) | 双唇袋 | 쌍입술 주머니 |
| 요꼬 | horizontal | 요코(橫) | 橫编 | 가로 방향 |
| 우마 | press stand | 우마(馬-うま) | 烫台 | 소매·어깨 다림질판 |
| 우라 | lining | 우라(裏) | 里衬 | 우라 |
| 우아마이 | · | 우와마에(上前うわまえ) | · | 겉섶 |
| 우애리 | top collar | 우라에리(裏襟) | 面领 | 겉깃 |
| 유도리 | room thimble | 유토리(ゆとリ) | 松量 | 여유분 |
| 이세 | ease | 이세(いせ) | 缝缩量 | 울림, 홈줄임 |
| 쟈바라 테이프 | accordion bucket tape | 쟈바라[じゃばら(蛇腹)] | · | 주름 접어 만든 장식 테이프 |
| 지노메 | grain line | 지노메(地の目) | 布纹 | 승새, 올방향 |
| 지누시 | shrinkage | · | 收缩程度 | 수증기, 물로 모직물 줄임 |
| 지누이 | punning stitch | 지누이(地縫い) | 暗线 | 본봉, 초벌박기 |

(계속)

| 현장 용어 | 영어 | 일어 | 중국어 | 뜻 |
|---|---|---|---|---|
| 지누이도 | top stitch | 지누이도(じぬいと) | · | 본봉사 |
| 지도리 | cross stitch | 치도리(じどり) | 十字线迹, 人字线迹 | 새발뜨기 |
| 지에리 | under collar | 지에리(じえり) | 低领, 领低 | 아랫깃, 안깃 |
| 진다이 | dress form | 진다이(じんだい) | 服装人体模型 | 매무새인형, 인대 |
| 찐바 | mismatching | 진파(跛-ちんば) | 不对称 | 짝짝이 |
| 카브라 | hem turn up | 가부라(鏑) | 卷底摆 | 접단 |
| 카우스 | cuffs | · | 袖头 | (블라우스) 소맷부리 |
| 쿠사리 | thread loop | 쿠사리(くさり) | 结环纽眼, 线环 | 실고리 |
| 쿠세도리 | setting | 구세토리(癖取り) | 定形 | 수축,<br>늘려서 자리 잡음 |
| 큐큐 | tailored worked,<br>button hole | 하도메아나(はどめあな) | 圆眼机 | 재킷 단춧구멍 |
| 하꼬 | welt pocket | 하코(箱-はこ) | 胸袋, 车唇袋,<br>西装袋 | 가슴주머니, 홑입술 |
| 하도메 | eyelet | 하토메(鳩目) | 凤眼 | 새눈구멍 |
| 하미다시 | piping | 하미다시(食み出し) | 装饰带子 | 내밀기 |
| 해리 | binding | 헤리(ヘり) | 滚边, 包边 | 바이어스 싸기 |
| 호시 | pick stitch | 호시(星) | 衍缝 | 숨은상침 |
| 후다 | flap | 후타(蓋) | 带盖, 盖式口袋 | 주머니뚜껑 |
| 히까리 | shining | 히까리(光リ- ひかり) | 光泽 | 광택 |
| 히요꼬 | button facing | 히요쿠(比翼) | 暗纽襟 | 단추집 |

# REFERENCE

**도서**

이형숙, 남윤자(1996). Sheldon, Stevens and Tucker.

이희춘(2012). 패턴의 정석. 교문사.

조규화(1999). 패션 디자인 용어 순화집. 문화공보부.

**도움을 주신 분들**

(주)LF 닥스 전상록 수석 모델리스트 면담조사

(주)솔리드 우영미 컬렉션 허성재 모델리스트 면담조사

(주)슈페리어 프랑코페라로 최영환 상무 면담조사

(주)동일방직 아놀드파마 김윤기 모델리스트 면담조사

(주)일신산업(안감, 심지) 박형철 부장 면담조사

(주)코데즈컴바인 코데즈컴바인 김종범 수석 모델리스트 면담조사

(주)코오롱 인터스트리 캠브리지멤버스 유충목 모델리스트 면담조사

(주)한섬 타임 이문구 모델리스트 면담조사

(주)티니위니코리아 남성컬렉션 임채옥 수석 모델리스트 면담조사

(주)LF TNGT 백창선 디자이너 면담조사

(주)솔리드 솔리드 옴므/우영미 컬렉션 장수경 수석 디자이너 면담조사

(주)신성통상 앤드지 변성규 디자이너 면담조사

(주)제일모직 엠비오 오창훈 디자이너 면담조사

cozy(코지) 박상근 대표 면담조사

창성기업(작심, 패드, 마꾸라지) 문영근 대표 면담조사

케루빈&닛시 오승록 대표 면담조사

패션View 이문용 대표 면담조사

팬더컴퍼니 이은준 대표 면담조사

**웹사이트**

국립국어원 http://www.korean.go.kr

복장공정망(服裝工程網) http://www.fzengine.com/dict/dictionary.aspx

지식경제부 기술표준원 사이즈 코리아 한국인 인체치수조사(2010) http://sizekorea.kats.go.kr

## 저자 소개

### 이희춘

건국대학교 디자인대학원 의상디자인학과 석사
성균관대학교 대학원 의상학과 박사 수료

**전**  (주)부래당 쁘렝땅 모델리스트
국동 나프나프·피에르가르뎅 모델리스트
(주)오브제 오즈세컨 모델리스트
(주)화림모드 오조크 모델리스트
(주)동일레나운 A.D(어덴더) 수석 모델리스트
(주)한남인터내셔널 마담실루엣, 레모네이드 수석 모델리스트
(주)보끄레머천다이징 온앤온 | 올리브데올리브 수석 모델리스트
모델리스트컨테스트 심사위원 | 자문위원
한국산업인력공단 훈련교재 개발 위원
한국방송통신대학교 가정학과 TV 강의
경원대학교 의상디자인학과 겸임교수
호원대학교 패션스타일리스트학과 겸임교수

**현재**  한국모델리스트아카데미(KMA) 원장
건국대학교 의상디자인과 겸임교수
단국대학교 패션산업디자인과 초빙교수
국민대학교 의상디자인과 출강
(주)보끄레머천다이징 온앤온 기술고문
(주)영트레이딩 기술고문(중국 상해)
(주)성진트레이닝 기술고문(서울)
테크니컬디자인협회 회원

**저서**  알기 쉬운 평면패턴(2008). 한국방송통신대학교출판부.
패턴의 정석(2012). 교문사.

# 패턴의 정석
### Rules of PATTERN
#### INNOVATION 남성복

2015년 6월 12일 초판 발행 | 2021년 7월 16일 4쇄 발행

**지은이** 이희춘 | **펴낸이** 류원식 | **펴낸곳 교문사**

**편집팀장** 김경수 | **책임진행** 이정화 | **디자인** 김재은 | **스타일화** 이정아 | **일러스트** 이보영 | **본문편집** 이연순

**주소** (413-120) 경기도 파주시 문발로 116 | **전화** 031-955-6111 | **팩스** 031-955-0955
**홈페이지** www.gyomoon.com | **E-mail** genie@gyomoon.com
**등록** 1960. 10. 28. 제406-2006-000035호
**ISBN** 978-89-363-1507-8(93590) | **값** 28,000원